1.0   Editora S. Templo Matriz

Índice

Introdução: 5
Química Básica Inicial Primeira Parte 6
    Definição Básica de Matéria: 6
Definição Avançada de Matéria: 6
    Definição de Massa: 7
Propriedades Gerais da Matéria 8
    As propriedades gerais da matéria são (08) oito: 8
        01 - Massa: 8
        02 - Inércia: 8
        03 - Extensão: 8
        04 – Impenetrabilidade: 9
        05- Compressibilidade: 9
        06 – Divisibilidade: 9
        07 – Elasticidade: 10
        08 – Descontinuidade: 10
Estados Físicos da Matéria 11
Definição de Temperatura: 11
As características específicas da matéria: 12
    Sólido: 12
    Líquido: 12

2.0   Editora S. Templo Matriz

    Gasoso: 13
Definição de matéria: 13
    Fusão: 14
Temperatura de Fusão ou Ponto de Fusão: 14
    Vaporização: É quando a água passa do estado líquido para o estado gasoso. 15
Os (03) três Tipos Principais de Vaporização: 15
    01 - Ebulição: 15
    02 - Evaporação: 15
    03 - Calefação: 15
Ciência Química na Mecânica: 16
    Condensação e Liquefação: 17
    Solidificação: 17
    Sublimação: 17
Transformações (fenômenos) Físicas e transformações (fenômenos) Químicas da Matéria 18
Transformações Físicas da Matéria: 18
Transformações Químicas da Matéria: 19
    [1] Combustão: 19
    [2] Digestão: 20
    [3] Oxidação: 20
Propriedades Específicas da Matéria 20
Definição de Densidade: 21

3.0   Editora S. Templo Matriz

Propriedade Química da queima: 22
Propriedades Organolépticas...22
Substâncias Puras e Misturas.......................................23
Substâncias Compostas: 24
Definição de átomo..25
Misturas 25
Misturas Homogêneas 26
Métodos de Separação de Misturas 27
Métodos de Separação de Misturas Heterogêneas e Homogêneas 27

    Catação: 27

    Levigação: 28

    Peneiração ou Tamização: 28

    Dissolução 29

    Dissolução Fracionada 29

    Separação Magnética..30

    Ventilação 30

Sedimentação, Decantação e Centrifugação 31

    Centrifugação..32

    Filtração 32

    Evaporação 33

Misturas homogêneas 33

4.0   Editora S. Templo Matriz

> Destilação..33
> Fusão Fracionada 34
> Biografia resumida do Cientista Isaac Newton: 35
> Química Básica 02 36
> Assunto: Modelos Atômicos 36
> John Dalton e a hipótese do átomo 38
> Joseph John Thomson e o Modelo Atômico 39
> O novo modelo atómico do cientista Thompson afirmava: 39
> Biografia do físico e químico Ernest Rutherford 40
> O novo modelo atômico do cientista Ernest Rutherford 41
> Biografia do Físico James Chadwick............................43
> Biografia do Físico Niels Henrik David Bohr 44
> O Cientista Niels Bohr e o modelo atômico 44
> Nova distribuição eletrônica do modelo atômico........46
> Gráficos atualizados dos elementos químicos............47
>> Nesses gráficos de análise as camadas das orbitais são:..48
> Tabela de Configuração Eletrônica 88
> Biografia do cientista Linus Carl Pauling 89
> Distribuição Eletrônica 90

5.0   Editora S. Templo Matriz

Tabela da distribuição eletrônica dos sub níveis em ordem crescente: 91

Vamos treinar um pouco: 92

Tabela da distribuição eletrônicas dos átomos: 93

Estudo sobre a estabilidade do átomo e o sistema do Octeto. 96

Camada de Valência: 96

Sobre Partículas Subatômicas: 97

Átomos Isoeletrônicos: 100

Átomos Isótopos: 101

Átomos Isotonos: 101

Átomos Isóbaros: 101

Átomos Isótonos: 101

Massa Atômica e Massa Molecular 101

Quantidade de Matéria 103

Massa Molar 104

Introdução:

Este livro de Química é baseado em pesquisas na internet e materiais de Universidades como a UNICID, Só que está escrito e atualizado com assuntos complementares inédito, planejado e elaborado pelo escritor Jean Cavalcante.

Química Básica Inicial Primeira Parte

A Química na nossa vida: Utilizamos a química quando acendemos o fogo, quando cozinhamos os alimentos, quando produzimos perfumes, e nosso corpo produz reações químicas para que ele possa manter-se vivo;

Nosso corpo é matéria, a mesa, a cadeira, a geladeira, o fogão, o botijão de gás e etc., para por estas matérias temos que ter espaço, no caso da cozinha é um espaço reservado para determinadas matérias que tem em uma cozinha ou mais matérias que às vezes estão naquele espaço.

Definição Básica de Matéria:

Matéria é tudo que possui massa e ocupa lugar no espaço.

Definição Avançada de Matéria:

A matéria é tudo que possui massa visível e massa invisível, e estar dentro do espaço da elipse do globo terrestre, ou no abismo, sendo que tanto o mundo visível quanto o mundo invisível são matérias;

Exe.: O (**O**) Oxigênio é matéria invisível que preenche nossos pulmões, sistema sanguíneo e etc., e apesar de nosso corpo já estar preenchendo espaço dentro da elipse do globo terrestre o (**O**) Oxigênio já possui o espaço dele dentro de nós, pois tanto o mundo visível quando o mundo invisível são matérias, sendo que algumas podem serem enxergadas através de nossos olhos, e outras só podem serem enxergadas através de microscópios, e muitas matérias que são particuladas e etc., e nós ainda nem conseguimos enxergar.

Fonte: Bíblia Real: Escritor, Cientista Jean Cavalcante

Definição de Massa:

Massa é a medida de quantidade de matéria presente em um corpo. (**SI**) é o Sistema Internacional medido pelo (**kg**) quilograma.

Quando estudamos isoladamente cada matéria iremos perceber que cada matéria tem propriedades.

Propriedades Gerais da Matéria

As propriedades gerais da matéria são (08) oito:

01 - Massa:

Massa é toda porção de matéria que pode ser quantificada mediante análise da massa, que é medida em quilogramas, arrobas, libras, e outras medidas.

02 - Inércia:

A inércia também é conhecida como a primeira Lei de Isaac Newton. A lei da inércia afirma que um corpo permanece em repouso ou movimento uniforme até que seja aplicada uma força resultante que não seja nula. Por exemplo: Em um jogo de bilhar (sinuca) as bolas permanecem em repouso até que seja aplicada uma força, e esta força irá mover, ou redirecionar a bola da inércia passando a mover-se até que elas percam este movimento e esta força acabe, ou seja, isto é a propriedade da inércia da matéria.

03 - Extensão:

Toda matéria por ter massa, ela tem extensão, ou seja, ela tem o próprio volume do corpo. E todo corpo ocupa espaço no multiverso.

04 – Impenetrabilidade:

Impenetrabilidade é a propriedade que afirma que dois corpos não podem ocupar o mesmo lugar no espaço ao mesmo tempo, ou seja, cada corpo ocupa seu próprio espaço.

05- Compressibilidade:

Toda matéria pode ser comprimida em porções menores sem alterar a composição, algumas tem facilidade para comprimir outras são mais difíceis, mas é possível comprimir uma espoja de banho apenas amassando sem por muita força dependendo da esponja é comprimida facilmente, já para comprimir uma barra de ferro dar mais trabalho temos que aquecer em uma temperatura elevada e ir batendo nela até comprimir, ou derretê-lo e por em uma forma para resfriar-se, mas tanto a espoja quanto a barra de ferro é possível comprimi-los.

06 – Divisibilidade:

Toda matéria também pode ser dividida em porções menores sem alterar a composição, inclusive os átomos dar para dividir em partículas ainda menores: Por exemplo: Prótons, Elétrons e Nêutrons.

07 – Elasticidade:

Todo corpo pode retornar à forma inicial no momento de dispersão das forças aplicadas nele. E da mesma maneira é possível exercer uma força capaz de estender o tamanho. Por exemplo, temos uma folha de papel e amassando ela, e depois nós desamassamos até ela retornar a mesma forma, irá ter algumas dificuldades, mas ela retorna a forma anterior.

08 – Descontinuidade:

No princípio pode até parecer estranho, mas toda matéria na essência dela é descontínua. A matéria é formada por átomos e moléculas, e nós conseguimos observar através do átomo de maneira microscópica, ou seja, as partículas que formam a matéria tem um pequeníssimo espaço entre elas daí representa a descontinuidade da matéria, ou seja, elas não são inteiramente ligadas umas nas outras a ponto de não ter espaço entre elas.

Estados Físicos da Matéria

No nosso globo terrestre de maneira natural a água que é uma **molécula** composta por (H_2O) dois elétrons de **Hidrogênio** e um elétron de **Oxigênio**, é encontrada em (**03**) três estados **físicos**: **Solido**, **Liquido** e **Gasoso**, para que aconteça a transformação na mudança de **estado físico** desta **molécula** e **matéria** é necessário **Temperatura** e **Pressão**.

Definição de Temperatura:

É uma grandeza física escalar responsável por medir o estado térmico de uma substância ou sistema. Ou seja, mede o grau de agitação das moléculas de um corpo.

As escalas de medidas de **Temperatura** são: Kelvin (**K**), graus Celsius (**°C**) e graus Fahrenheit (**°F**).

Definição de Pressão:

É uma grandeza física escalar que representa quantitativamente o valor de uma força aplicada em uma determinada área de distribuição.

As escalas de medidas de **Pressão** são: Pascal (**Pa**), Atmosfera (**atm**).

As características específicas da matéria:

Sólido:

As substâncias possuem uma forma definida e ocupam volume definido, as moléculas estão bem organizadas e a forma de coesão entre elas são maior do que a força de repulsão, ou seja, a força que as uni (coesão) são maior que a força que repeli (repulsão).

Coesão > Repulsão.

Líquido:

Neste estado físico da molécula, ela ocupa um volume especifico sendo que a forma pode variar, quando pomos a água em recipientes diferentes ela toma a forma dos recipientes, mas o volume pode variar de acordo com a quantidade, no estado líquido as forças de coesão e repulsão entre as partículas da substância estão na mesma intensidade.

Coesão = Repulsão.

Gasoso:

Neste estado físico da matéria e molécula as partículas do vapor da água (H_2O) passam a está em uma intensidade de agitação grande, e a substância não possui uma forma definida e nem volume definido, ou seja, se não tiver um recipiente elas dispersam-se pela atmosfera, mas havendo um recipiente elas adequa-se a forma e o volume do recipiente no qual são armazenadas, neste estado gasoso as forças de coesão são baixíssimas e aumenta a facilidade de movimento das partículas.

Coesão < Repulsão

Definição de matéria:

Toda matéria é formada por Átomos e quando aumenta a temperatura e a pressão, há uma mudança na movimentação dos átomos, quando aumenta a temperatura, aumenta o grau de agitação das partículas em uma substância, podendo haver as mudanças de estado físico dependendo do grau da temperatura e pressão.

Mudanças do Estado Físicos da Matéria

Exemplo: Água (H_2O)

Fusão:

A fusão é a transformação da matéria do estado físico sólido para o estado físico líquido.

Exemplo: descongelamento de alimentos, derretimentos dos gelos nos hemisfério Sul e Norte, derretimento de uma pedra de gelo do congelador.

Temperatura de Fusão ou Ponto de Fusão:

Cada substância tem o próprio ponto de fusão específico, o ponto de fusão da água (H_2O) acontece aos (**0°C**) zero grau Celsius, se a água estiver a uma temperatura negativa de (**-3°C**) menos três graus Celsius com certeza ela estará no estado sólido. Mas quando a temperatura ambiente estiver em (**20°C**) vinte graus Celsius, a água estará no estado líquido.

Vaporização: É quando a água passa do estado líquido para o estado gasoso.

Exemplo: Quando nós aquecemos a água no estado líquido a uma temperatura igual ou maior que cem graus Celsius (= < que 100°C) nós iremos observar os vapores da água que são o processo de vaporização.

Os (03) três Tipos Principais de Vaporização:

01 - Ebulição:

Nesta situação é quando a água inicia a borbulhar, mas geralmente utilizamos esta água para chá, café e etc.

02 - Evaporação:

Acontece quando a mudança de estado ocorre de maneira lenta, a uma temperatura ambiente. Este processo de vaporização é utilizado nas salinas para extrair o sal de cozinha (**NaCl**), mas é utilizado no processo de destilação da água ou do álcool.

03 - Calefação:

O estado da água acontece de maneira rápida passando do estado líquido diretamente para o estado gasoso de maneira instantânea.

Exemplo: Quando a panela está bem aquecida no fogo e joga-se um pouco de água dentro dela, esta água evapora instantaneamente naquele exato momento.

O ponto de ebulição da água é de (**100°C**) cem graus Celsius, nesta temperatura á agua passa do estado físico líquido para o estado físico gasoso.

Ciência Química na Mecânica:

Quando o motor de um carro que tenha o sistema de resfriamento a água aquece a uma temperatura de (90°C a 91°C), noventa a noventa e um graus Celsius o sistema de ventilação do radiador é acionado resfriando esta água a uma temperatura de mais ou menos (70°C a 80°C), setenta a oitenta graus Celsius para que o sistema e o motor não queimem as juntas e possam aquecer a uma temperatura muito maior fundindo os componentes do próprio motor do carro.

Condensação e Liquefação:

É quando á água passa do estado gasoso para o estado líquido, quando esta mudança acontece o vapor da água (O_2) ou gases nomeamos de Condensação ou liquefação;

Exemplo: Os vapores da água que transformam-se em nuvens, quando elas condensam-se, elas transformam-se do estado gasoso (O_2) para o estado líquido (H_2O).

Solidificação:

É a mudança do estado líquido para o estado sólido:

Exemplo: Quando ponhamos água dentro do congelador e elas transformam-se em gelo.

Sublimação:

É a mudança do estado físico gasoso para o estado físico sólido ou a mudança do estado físico sólido para o estado físico liquido;

Exemplo: A chuva de granizo é quando a água no estado líquido sublima com a corrente de ar gelado e transforma-se em gelo, e o gelo seco que é o (CO_2) congelado.

Transformações (fenômenos) Físicas e transformações (fenômenos) Químicas da Matéria

A matéria pode ter vários tipos de transformações de acordo a variação da **temperatura**, a **pressão**, **transferência de energia** e mais acontecimentos, mas existem dois tipos de transformações que alteram a matéria.

Transformações Físicas da Matéria:

São as mudanças de estados físicos da matéria, e apesar de mudar do estado físico sólido, líquido e gasoso a água continua sendo água, ou seja, não altera a composição, como a água (H^2O) é a substancia padrão e essencial a vida, ela é exemplo do que acontecerá com outras substancias.

Ainda existem propriedades físicas da matéria que são: **Maleabilidade, Dureza** e **Ductilidade** e etc.

Transformações Químicas da Matéria:

São as mudanças dos estados da matéria sendo que a matéria não retorna ao ciclo, ou seja, ela transforma-se em outra matéria, as transformações Químicas da matéria acontecem de (**03**) três maneiras: através da [1] Combustão (queima) [2] Digestão e [3] Oxidação.

Exemplo: Quando queimamos a madeira, a queima desta madeira passa do sólido para o gasoso restando cinzas, mas estas cinzas não retornam a ser madeira novamente, ou seja, resulta em outro produto da matéria ou resíduo da matéria anterior.

Nesta situação os elementos químicos mudam de estado físico passando pelo processo químico.

[1] **Combustão:**

É um tipo de reação química que acontece entre um combustível e um comburente podendo acontecer ou não com uma ignição; (combustível: é uma substancia que ao ser queimada libera energia).

Exe.: A queima da madeira, a queima da gasolina, a queima do álcool.

[2] Digestão:

É o processo químico digestivo no qual acontece a quebra das moléculas dos alimentos para que diminuam a ponto microscópio para que sejam absorvidos pelo sistema digestivo e absorvidos pela corrente sanguínea.

[3] Oxidação:

A oxidação é um processo químico que acontecem com alguns metais e até com as pessoas através do envelhecimento que é a oxidação dos elementos químicos do nosso corpo incapacitando que as células tornem-se jovens ou restaurem-se, e nos metais como ferro (**Fe**).

Propriedades Específicas da Matéria

Nas propriedades especificas da matéria é o que define que o Ouro (**Au**) seja Ouro, o Cobre (**Cu**) seja Cobre e Zinco (**Z**) seja Zinco e são diferentes entre si.

Além do ponto de ebulição, do ponto de fusão existe a propriedade física específica da matéria que é a **densidade**.

Definição de Densidade:

É a razão entre a massa de uma substância e o volume por ela ocupado.

Fórmula:

d= **densidade** $d = m / v$

m= **massa**

v= **volume**

No sistema Internacional de Unidades (**SI**), a unidade de densidade é **kg/cm³**.

Densidade da água: **1g/cm³**.

Densidade do ferro (**Fe**): **7,86g/cm³**.

Propriedade Química da queima:

São a capacidade de matérias serem queimadas, ou seja, elas possuem a **combustibilidade**. Os combustíveis de origem orgânica são queimados com mais facilidades.

Propriedades Organolépticas

As propriedades organolépticas são aquelas que podem serem identificadas pelos nossos sentidos: Tato, paladar, olfato, visão e audição.

Exemplos:

Cor: Quando identificamos a cor através da visão, dar para identificar a matéria quando ela é colorida, brilhante, opaca ou incolor (sem cor).

Dar para diferenciar pedras preciosas ou metais preciosos pela cor, a esmeralda é verde, o rubi é vermelho, o diamante é cristalino e o Ouro é dourado.

Sabor: A matéria pode ter sabor ou ser insípida (sem sabor). Ou seja, o sal e o açúcar são brancos, mas através do nosso paladar podemos sentir o sabor.

Brilho: Alguns objetos são brilhosos e alguns são opacos (sem brilho) o objeto tem brilho quando ele consegue refletira a luz, a identificação do brilho é identificada pela visão;

Odor: O odor pode ser identificado pelo olfato sendo que algumas matérias podem serem inodoras (sem cheiro).

Exe.: alguns gases não tem cheiro e não podem serem identificados pelo olfato, como o gás de cozinha.

Substâncias Puras e Misturas

Uma **substância pura** é uma única substância com propriedades e composição definidas.

Exe.: Água, sal, açúcar, ferro, cobre.

Na maioria das vezes as porções de misturas da matéria que são encontradas na natureza são misturas.

As **substâncias puras** podem ser **simples** ou **compostas**

Substância Simples: São formadas a partir de um único elemento químico distinto.

Exe.: (O_2) gás oxigênio, (H_2) gás hidrogênio, (N_2) gás nitrogênio, (Cl_2) Gás cloro, e existem mais substâncias puras.

Substâncias Compostas:

São formadas por elementos químicos distintos.

Exe.: (**NaCl**) sal de cozinha – sódio e cloro, (**NaOH**) hidróxido de sódio – sódio, oxigênio e hidrogênio, (H_2O) água – hidrogênio e oxigênio, (CO_2) dióxido de carbono, ou gás carbônico – carbono e oxigênio e mais substâncias.

As substâncias puras são elementares, ou seja, os **elementos químicos** são **substâncias principais**, e elas não aceitam serem **decompostas** em outras substâncias.

Exe.: Sódio (**Na**), Hidrogênio (**H**), Potássio (**K**), Enxofre (**S**), Oxigênio (**O**).

As substâncias puras compostas são representadas por fórmulas químicas.

Definição de átomo

O átomo é a menor partícula que compõe um elemento químico composto com um núcleo dentro do interior dele, e contêm dentro deste átomo no núcleo **prótons** e **nêutrons**, sendo que os **elétrons** estão ao redor do núcleo. E quando nós temos um **conjunto de átomos** é nomeado de **moléculas.**

Misturas

A mistura é caracterizada pela presença de duas ou mais substâncias fisicamente misturadas.

Exe.: A água que bebemos é uma mistura, ela não é uma substância pura.

Na situação da água mineral, ela é uma **mistura** por que nela contem (H_2O)+

fluoreto de sódio, bicarbonato de sódio, sulfato de potássio, brometo e etc.

Algumas misturas podem serem identificadas visualmente.

Por exemplo: Água com Óleo de cozinha usado.

Na mistura de óleo e água o número de fases são apenas duas, e estas são a mistura destes componentes.

Mas algumas misturas não dar para enxerga todos os elementos visivelmente.

Na mistura de água mais sal e areia tem duas fazes, mas contêm três componentes.

Misturas Homogêneas

As misturas homogêneas apresentam uma única fase, por exemplo: Água salgada e o ar (**H_2O+NaCl+O**), mas são constituídos de dois ou mais componentes.

As misturas **heterogêneas** possuem mais de uma fase, por exemplo: Granito, água + óleo também são constituídas de dois ou mais componentes.

Métodos de Separação de Misturas

Podemos separar os componentes das misturas, algumas de maneira fácil outras de maneira difíceis.

Métodos de Separação de Misturas Heterogêneas e Homogêneas

Nas misturas heterogêneas podemos utilizar os métodos de **Catação**.

Catação:

É um método de separação de misturas heterogêneas do tipo sólido-sólido, nestes métodos podemos utilizar as mãos ou uma pinça.

Exemplo: catar o feijão antes de cozinha-lo com as mãos separando os grãos bons dos grãos ruins e as impurezas.

A separação do processo seletivo dos resíduos orgânicos e dos produtos como lata, plástico, papelão também é uma catação manual.

Levigação:

Levigação é um método de separação de misturas **sólido-sólido** baseado nas diferenças das densidades dos componentes, e um líquido intermediário é usado para arrancar o sólido menos denso.

Exemplo: A separação do Ouro (**Au**) das impurezas, como o ouro é mais denso, ou seja, mais pesado quando põem a água girando vai retirando as impurezas e o Ouro (**Au**) permanecem no fundo.

Peneiração ou Tamização:

Peneiração ou Tamização é um método de separação de misturas **heterogêneas** baseado nas diferenças de tamanho entre sólidos.

A peneiração pode ser manual:

A peneiração manual é utilizado uma peneira para peneirar, areia, da pedra, o bagaço do sumo do suco, ou da cenoura e etc.

A peneiração Mecânica: É utilizado uma maquina com vários níveis de altura e peneiras para separar o arroz da casca.

Dissolução

É utilizado a dissolução para separar **sólido-sólido**, mas há a utilização de um solvente que possui uma densidade intermediária entre os dois sólidos.

Exemplo: A separação de areia e serragem de madeira, ponhamos em um recipiente adicionamos água e a serragem da madeira flutua, e a areia permanece no fundo do recipiente.

Dissolução Fracionada

Temos areia misturado com sal de cozinha, utilizamos a água como solvente (ou outro tipo de solvente) para separar a areia do sal, sendo que a areia irá permanecer no fundo e o sal irá dissolver-se na água utilizando um método de filtração simples.

Para separar o sal da água nós teremos que utilizar o método da evaporação da água ou o método da destilação.

Separação Magnética

Utilizada para separar misturas **heterogêneas**, **sólido-sólido**, sendo que um destes componentes da mistura seja magnético.

Para separar a parte magnética utiliza-se um imã ou um eletroímã.

Exe.: Separar limalha de ferro da areia, separar pregos do chão e etc.

Ventilação

Utilizamos o sistema de ventilação para separar **sólidos** de diferentes densidades de uma mistura.

Exemplo: Para separar a casca do amendoim, a casca do arroz, a pimenta do reino xoxa da pimenta do reino boa e etc.

Sedimentação, Decantação e Centrifugação

A sedimentação e a decantação são dois métodos de separação de misturas **heterogêneas** baseadas na ação da força da gravidade e em diferenças de densidades.

Neste método o material menos denso deposita-se no fundo do recipiente por causa da ação da gravidade.

A sedimentação tem uma diferença do método da decantação, ou seja, a sedimentação acontece de maneira mais rápida que a decantação com misturas do tipo **líquido-sólido** e **gás-sólido**.

Exemplo de sedimentação: Água com areia após a areia mistura-se com a água da chuva ela separa-se depois por causa da densidade sedimentando em setores pelos quais ela armazene-se.

Exemplo da decantação: Quando batemos um suco e está misturado as sementes neste suco, leva um tempo com este suco na inércia para as sementes armazena-se no fundo do copo. Quando cozinhamos o café e não temos como coar, é só deixar decantar dentro da garrafa que o pó do café depois de alguns minutos irá armazena-se no fundo da garrafa.

Nos laboratórios é utilizado para a decantação o funil de bromo.

Centrifugação

A centrifugação é um método utilizado para acelerar a sedimentação em sistemas do tipo **líquido-líquido** ou **líquido-sólido**.

A centrifugação pode ser realizada de maneira manual, ou de maneira mecânica, na maneira mecânica utiliza-se para realizar os exames de sangue separando o plasma da parte sólida (hemácias).

Filtração

A filtração é utilizada em misturas **heterogêneas** do tipo **sólido-líquido** ou

sólido-gás, quando o sólido encontra-se disperso no fluido, podemos utilizar o método de filtração para separá-los.

Exemplo: filtrar a água das impurezas, filtrar o café, filtrar o ar do pó, no caso do aspirador de pó.

Evaporação

A evaporação é um método de separação de misturas do tipo **sólido-líquido**, sendo que o líquido presente na mistura evapora-se e o material particulado permanece retido no recipiente.

Exemplo: Separar o sal da água do mar utiliza-se a evaporação.

Misturas homogêneas

Destilação

A destilação é baseada nos pontos de ebulição nos componentes de uma mistura, pode ser destilação simples ou destilação fracionada.

Na destilação simples é utilizada para separar de uma mistura homogênea do tipo líquido-sólido.

Exemplo: Para separar a mistura de água com açúcar utilizamos a destilação simples.

A destilação fracionada é utilizada para separar misturas homogêneas do tipo líquido-líquido, esta destilação é baseada nos pontos de ebulição dos componentes que estão na mistura.

Exemplo da destilação fracionada: É utilizada nas refinarias de petróleo para separar as variações dos combustíveis, plásticos, pinche, asfalto, é utilizada para separar água de acetona, ou água do álcool etílico.

Fusão Fracionada

O método de fusão fracionada é baseada nos pontos de fusão dos componentes de uma mistura sólida.

Exemplo: Este método é utilizado para separar misturas de metais.

Biografia resumida do Cientista Isaac Newton:

Isaac Newton era um cientista que nasceu no dia (**04/01/1643**) quatro de Janeiro de hum mil seiscentos e quarenta e três na cidade de **Woolsthorpe by colsterworth**, o nome do Pai era: **Isaac Newton**, o nome da mãe era: **Hannah Ayscough**, ele era protestante, e ele era membro do **College Trinity**, e ele era o segundo professor de matemática na universidade de **Cambrige**, ele estudou alquimia, e **cronologia Bíblica**, **Newton** serviu dois mandatos de dois anos como membro do Parlamento da Universidade de Cambridge, de (**1690 a 1689)** hum mil seiscentos e noventa a hum mil seiscentos e oitenta e nove, e depois de (**1701 a 1702**) hum mil setecentos e um a hum mil setecentos e dois, ele era cavalheiro da **Rainha Ana** no ano de (**1705**) hum mil setecentos e cinco, e passou as últimas três décadas (**30**) trinta anos da vida dele em **Londres** na **Inglaterra** servindo como diretor do ano (**1696 a 1700**) hum mil e seiscentos e noventa e seis a hum mil e setecentos, e mestre do ano (**1700 a 1727**) hum mil e setecentos a hum mil e setecentos e vinte e sete, na casa da moeda real como presidente da **Society Royal** no ano (**1703 a 1727**) hum mil e setecentos e três a hum mil setecentos e vinte e sete, e depois morreu no dia (**31/03/1727**) trinta e um de março de hum mil setecentos e vinte e sete com (**84**) oitenta e quatro anos na cidade de **Kensington**, **Middlesex**, ele era **Inglês**, ou seja, da **Inglaterra**, e morreu de cálculos renais, ou seja, pedras nos rins, observação naquela época existia um calendário diferente do nosso no Reino Unido.

Química Básica 02

Assunto: Modelos Atômicos

Os primeiros pensadores que eram **Leucipo de Abdera** e **Demócrito de Abdera** já tinham uma hipótese de que as partículas da matéria eram elementares e que estas partículas formavam a matéria.

Leucipo supõem-se que havia nascido na província de **Mileto**, e havia viajado pelas aquelas regiões, mas no século V antes de Jesus, ele havia estabelecido na província de **Abdera**, ali ele teve um aluno que era **Demócrito**, que eram cientistas e filósofos.

Leucipo é o primeiro a propor que a matéria era constituída de partículas indivisíveis, as quais na época ele nomeou de **átomo**.

O significado da palavra átomo

A palavra **átomo** é de origem grega e significa "**indivisível**" (**A=não e tomo=divisão**). Agora no presente através da eletrolise nós sabemos que o átomo é divisível, mas mesmo assim a palavra continua a mesma (átomo).

Quando chegou nos séculos **XVII** e **XVIII**, os estudos em química aumentaram, por causa que iniciaram a praticar muitos experimentos químicos. E as leis como a conservação da massa, lei da composição definida, lei das proporções múltiplas simples, ajudaram a dar mais profundidade nos estudos da química, e depois no século **XIX** teve a criação e a hipótese atômica, que deu iniciou aos estudos da Química que nós estudamos atualmente.

John Dalton e a hipótese do átomo

John Dalton no ano de (**1803**) hum mil e oitocentos e três, retornou a hipótese do principio a partir das experiências químicas desenvolvidas por ele mesmo e por outros cientistas, ele chegou a hipótese atômica de **Dalton**, baseada nas seguintes hipóteses:

01-Toda e qualquer porção de matéria é constituída por partículas fundamentais que são os átomos;

02-Átomos são partículas indivisíveis, maciças, esféricas, (com semelhança a uma bola de sinuca) e permanentes, e elas não podem serem criadas e nem destruídas.

03-Todos os elementos são formados por átomos idênticos, com as mesmas propriedades. Átomos de diferentes elementos possuem diferentes propriedades.

04-Reações químicas ocorrem mediante combinações, separações e rearranjos de átomos, que possibilita a formação de todas as matérias presentes na natureza.

05-A combinação de átomos de dois ou mais elementos, considerando uma proporção fixa e dá origem aos compostos químicos.

O cientista **John Dalton** era um cientista renomado que também introduziu o conceito de **massa atômica**, formulou **a lei de Dalton, lei das pressões parciais dos gases**, e ele descobriu a deficiência visual nomeada de **Daltonismo**.

Joseph John Thomson e o Modelo Atômico

O físico inglês **Joseph John Thomson** no término do século **XIX**, propôs um novo modelo para a estrutura atômica, e neste modelo dele alguns conceitos apresentados pelo **John Dalton**, tornaram-se nulos. O físico realizou várias experiências com tubos de raios catódicos e a partir de suas conclusões e de analises de outros experimentos realizados por outros cientistas, ele pode comprovar a existência de partículas com cargas elétricas (**elétrons**) nos átomos.

O novo modelo atómico do cientista Thompson afirmava:

01-Assim como o cientista **John Dalton** ainda afirmava que o átomo teria um forma de uma esfera, no entanto não seria maciça como uma bola de sinuca. **Thomson** acreditava que o átomo teria o aspecto de um "pudim com passas", no qual as passas representariam os **elétrons** e o pudim seria formado por cargas positivas;

02-Ele considerava o átomo neutro, e havendo partículas de cargas negativas (**elétrons**) também haveria partículas de cargas positivas (**prótons**), para que o núcleo do átomo permanece- se gerando energia;

03-Os elétrons não encontram-se presos ao átomo, e os elétrons podem ser transferido de um átomo para outro.

04-Os elétrons estão distribuídos de forma uniforme no átomo, repelindo-se naturalmente.

O modelo do cientista **Thomson** prevaleceu por pouco tempo, por que as experiências do cientista **Ernest Rutherford** propôs uma nova estrutura atómica.

Biografia do físico e químico Ernest Rutherford

O Físico e Químico **Ernest Rutherford** nasceu na **nova Zelândia** no dia (**30**) trinta do mês de agosto (**8**) no ano de (**1871**) hum mil oitocentos e setenta e um, e morreu no ano de (1937) hum mil novecentos e trinta e sete, Ele realizou pesquisa com o elemento químico nomeado de Urânio e descobriu a emissão de raios alfa e beta, ele deixou muitas pesquisas que nós usamos para estudar sobre química atômica e nuclear.

O novo modelo atômico do cientista Ernest Rutherford

No modelo atómico dele, ele afirmava que o átomo era constituído por um núcleo central de carga positiva e uma eletrosfera constituídas por elétrons de cargas negativas, e o núcleo seria igual ao sol, "sistema solar", ele chegou a esta conclusão com um experimento que ele realizou.

A experiência do cientista **Rutherford** para a realização do experimento, **Ernest Rutherford** utilizou os seguintes materiais:

01-Lãmina de ouro na espessura de (0,0004 milímetros);

02-Polônio que é um material radioativo e emissor espontâneo de partículas de radiação alfa;

03-Bloco de chumbo com um orifício;

04-Anteparo de sulfeto de zinco (**Z**) que é um material fluorescente e que rodeava a lâmina de ouro (**Au**) com um pequeno espaço para a radiação passar.

Durante a experiência o cientista **Rutherford** percebeu que a grande maioria das partículas de radiação alfa emitidas pela amostra de polônio não sofria desvio ao atravessar a lâmina de ouro, e que significava que o átomo possuía muitos espaços vazios. Então ele chegou a conclusão que o átomo era divisível.

Muito poucas partículas sofreram desvio, e estas partículas passavam próximas a uma região de carga positiva (núcleo) era muito pequena comparado à eletrosfera. E pouquíssimas partículas de radiação alfa repeliram-se, ou seja, chocaram-se diretamente com o núcleo do átomo, com isto ele chegou a conclusão que o núcleo era pequeno e havia uma órbita ao redor do núcleo.

Depois da experiência o cientista chegou a conclusão que o átomo é formado por duas partes principais: o núcleo (onde estão as cargas negativas e na qual está concentrada toda massa do átomo) e a eletrosfera que consiste em uma nuvem de elétrons que giram ao redor do núcleo em órbitas circulares.

Ele observou que os **prótons** por si só não poderiam conter toda a massa do átomo. Mas o cientista **J. Chadwick** descobriu os **nêutrons** que possuía partícula subatômica e que possuía a mesma massa de um **próton**, mas não tinha carga elétrica. E concluíram que o núcleo de um átomo é constituído por **prótons** e **nêutrons** com a exceção de alguns isótopos de (**H**) hidrogênio que contem apenas um **próton** e nenhum **nêutron**. Veremos os significados de isótopo.

Mas o modelo atômico do cientista **Rutherford** apresentava um problema. Os elétrons girando constantemente ao redor do núcleo, significava que estariam perdendo energia devido ao movimento constante. E supostamente eles não teriam energia e cairiam.

Biografia do Físico James Chadwick

O Físico britânico **James Chadwick** nasceu na cidade de **Cheshire** que pertence ao estado de **Connecticut**, nos estados unidos, e está situado a **Noroest** da Inglaterra, nasceu no dia (**20**) vinte do mês de Outubro (**10**) do ano de (**1891**) hum mil novecentos e noventa e um, ele morreu em **Cambrige** no dia (**24**) vinte e quatro do mês de Julho (**7**) do ano de (**1974**). A principal descoberta dele na ciência comprovada por testes em laboratórios é a descoberta do **nêutron** e nesta descoberta, ele ganhou o prêmio Nobel em Física no ano de (**1935**) hum mil novecentos e trinta e cinco.

Biografia do Físico Niels Henrik David Bohr

O físico **Niels Henrik David Bohr** nasceu no dia (**7**) sete do mês de Outubro (**10**) dez, no ano de (**1885**) hum mil oitocentos e oitenta e cinco, na cidade de **Copenhaguen**, do país da **Dinamarca**, ele aprimorou os estudos sobre física dos átomos (**física atômica**), no ano de (**1913**) hum mil novecentos e treze, ele desenvolveu o modelo atômico do elemento químico do hidrogênio (**H**) baseado na física e química quântica.

O Cientista Niels Bohr e o modelo atômico

Bohr propôs algumas hipóteses que poderiam explicar as lacunas no modelo atômico de **Rutherford**. **Bohr** chegou a uma conclusão que os elétrons giravam em determinadas **órbitas de energia**, e nestas órbitas eles nem perdiam e nem recebiam energia. E cada órbitas possui um determinado nível de energia, e quando os elétrons recebem energia eles saltaria para uma camada mais externa. E quando eles perdiam energia, retornaria para uma camada mais interna e que a energia era liberada ou absorvida, nomearam de **quantum de radiação**, e alguns anos mais tarde nomearam de **fóton**.

E o cientista **Bohr** propôs sete camadas eletrônicas possíveis no núcleo de um átomo. E quanto maior a energia do elétron, mais distante do núcleo estaria os elétrons. Estas são as sete camadas eletrônicas: (**K,L,M,N,O,P** e **Q**) e cada camada eletrônica suportava um determinado número de elétrons que representa um nível de energia que irá do (**1º**) primeiro ao (**7º**) sétimo. Esta era praticamente uma hipótese, mas confirmaram através de experimentos científicos.

Nível	Camadas	Número de elétrons
1º	K	2
2º	L	8
3º	M	18
4º	N	32
5º	O	32
6º	P	18

| 7º | Q | 2 |

Nova distribuição eletrônica do modelo atômico

Mas a nova tabela de distribuição atômica dos átomos proposta pelo cientista, escritor e sacerdote Jean Cavalcante, são os níveis do (**1º**) ao (**9º**) e Camadas **J-K-L-M-N-O-P-Q-R** e os números de elétrons são: **1-2-8-18-32-32-18-2-1**.

Nível	Camadas	Número de elétrons
1º	J	1
2º	K	2
3º	L	8
4º	M	18
5º	N	32
6º	O	32
7º	P	18
8º	Q	2
9º	R	1

Nesta distribuição do novo modelo atômico o núcleo atômico trabalha nas camadas orbitais com uma indução de reação química eletromagnética, em alguns elementos químicos quando tem os elétrons aflorando pelas ultimas camadas, ele passa a dispersar esta energia para fora do núcleo passando radiação energética para o lado externo.

Atualmente o modelo de estrutura atômica que nós utilizamos admite a existência de um núcleo composto por **prótons** e **nêutrons** (**com exceção de alguns isótopos do hidrogênio**) e é composto por uma eletrosfera e nesta eletrosfera compõem elétrons girando em torno do núcleo em diferentes níveis de energia. Mas conforme avança o progresso cientifico outras partículas subatômicas estão sendo descobertas como: **pósitron**, **neutrino**, **méson um** e outras, com massa ainda menores que o **próton**.

Gráficos atualizados dos elementos químicos

Estes gráficos atualizados e desenvolvidos pelo escritor T.S.T. e cientista Jean Cavalcante.

Analises em Gráficos detalhados dos Elementos Químicos em número de massa e número de massa atômica

Os elementos químicos mais usados na tabela periódica são de número de massa de (1) até o (57) e depois o urânio nas usinas nucleares, e depois o plutônio na produção de bombas atômicas, e alguns elementos químicos artificiais.

Nesses gráficos de análise as camadas das orbitais são:

Nº.	Camadas	Nº. Elétrons	Exemplo
1	J	1	H
2	K	2	He
3	L	8	Sódio
4	M	18	Cobre
5	N	32	Promécio
6	O	32	Neptúnio
7	P	18	Pheróvio
8	Q	8	Delte (De)
9	R	2	Quando descobrir

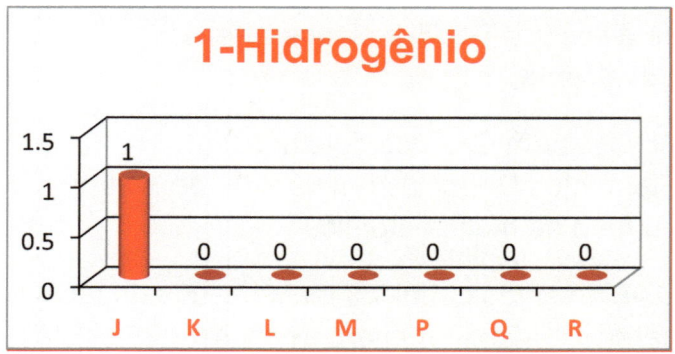

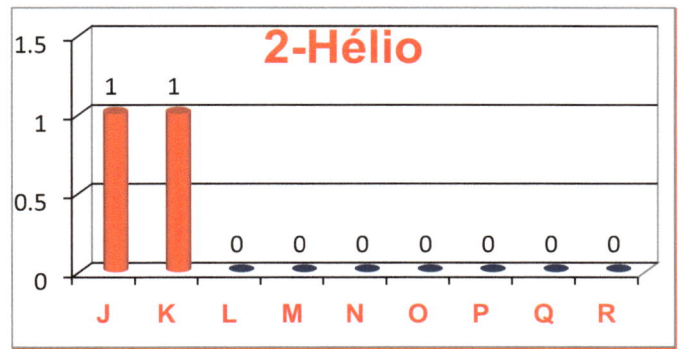
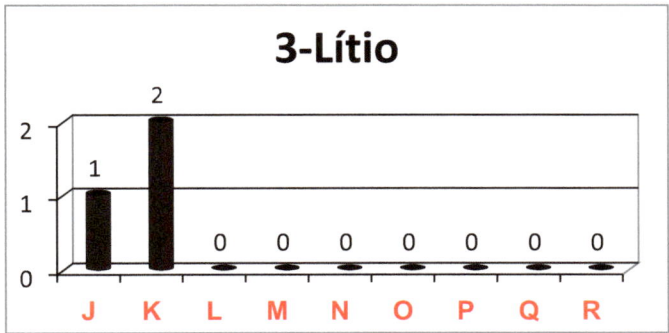
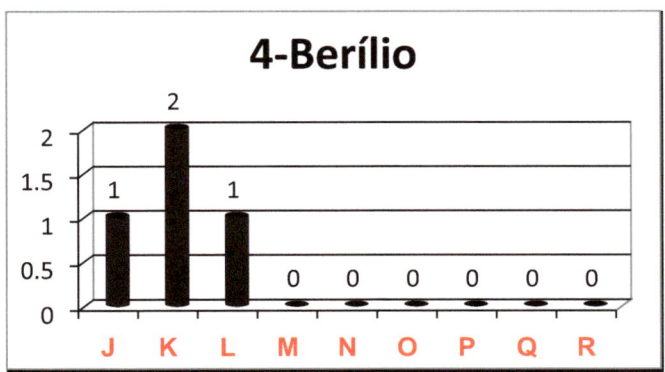

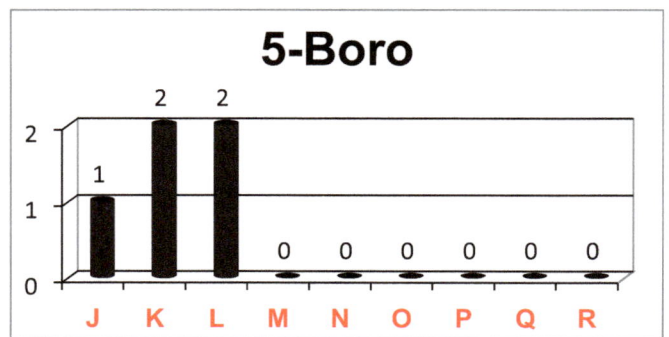

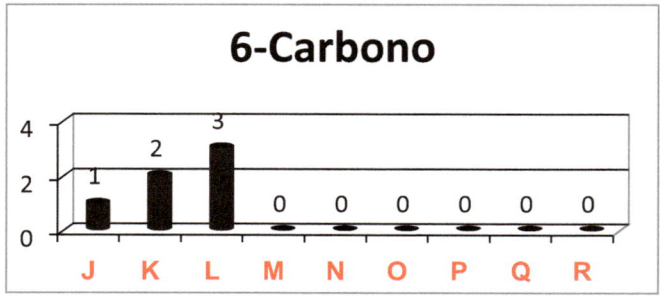

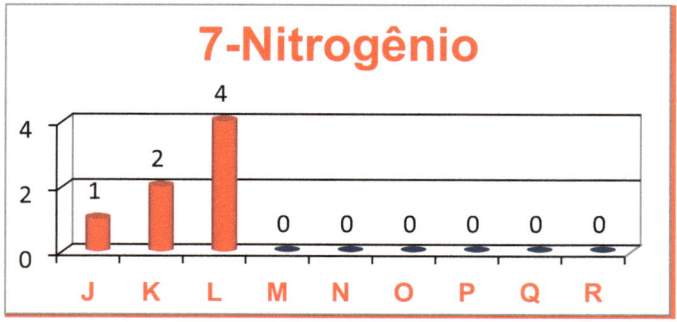

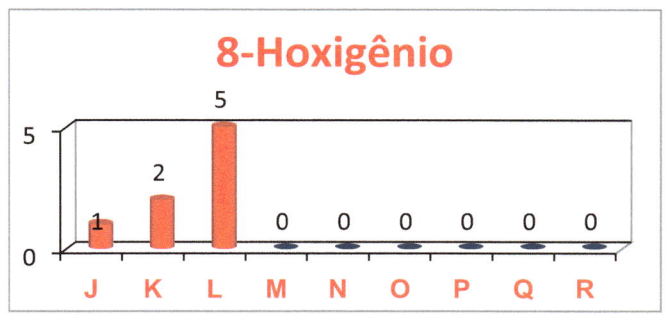

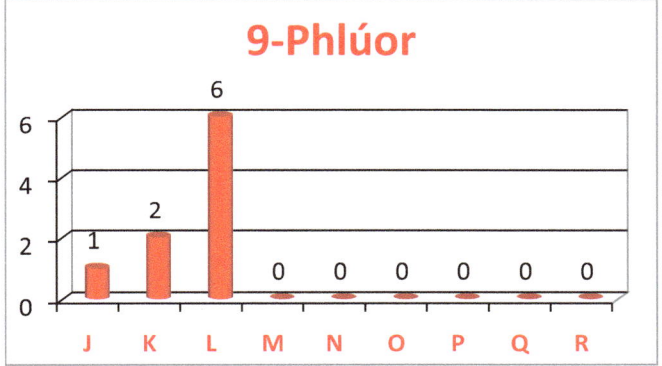

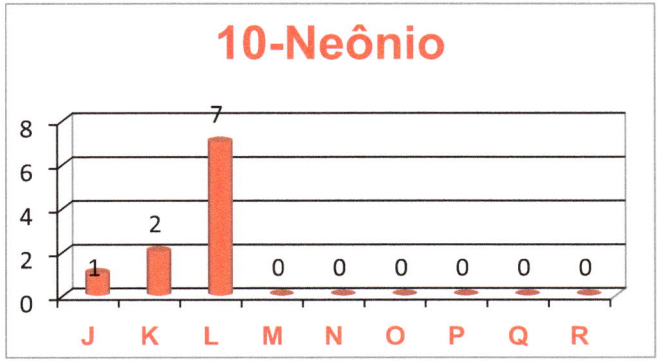

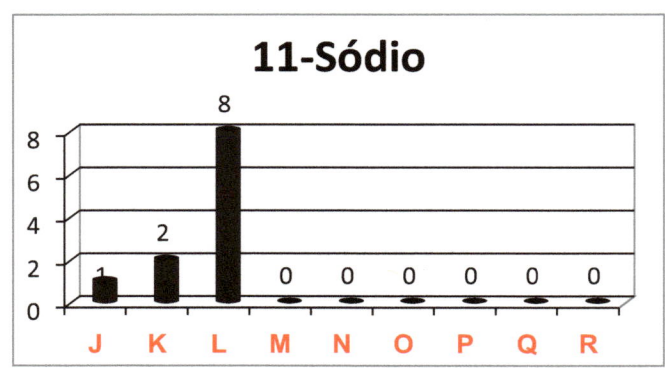

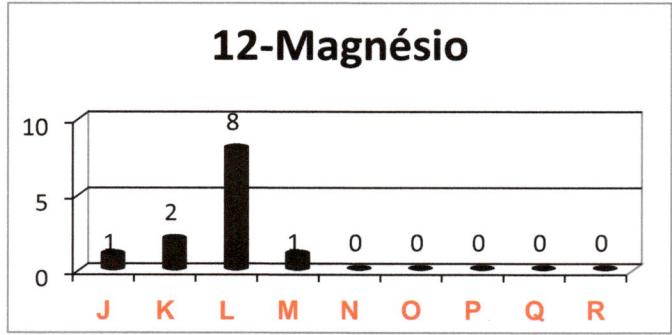

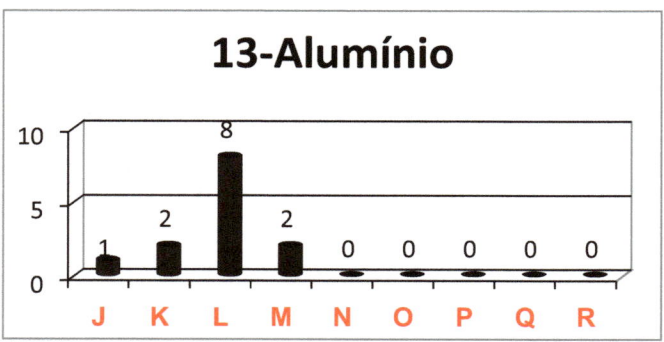

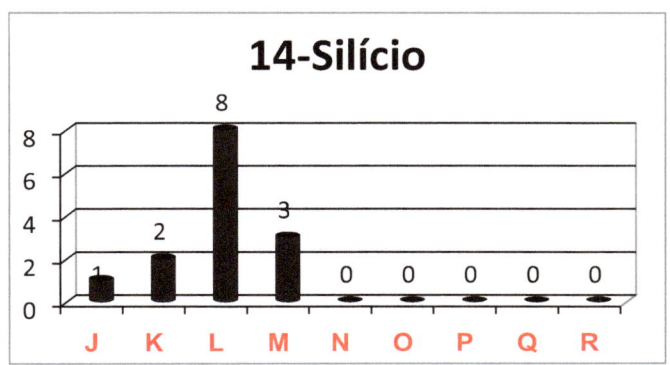

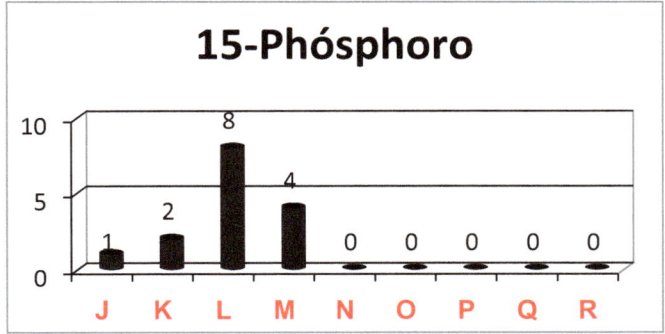

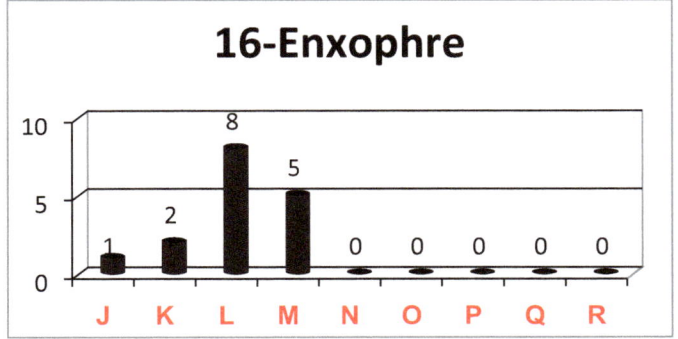

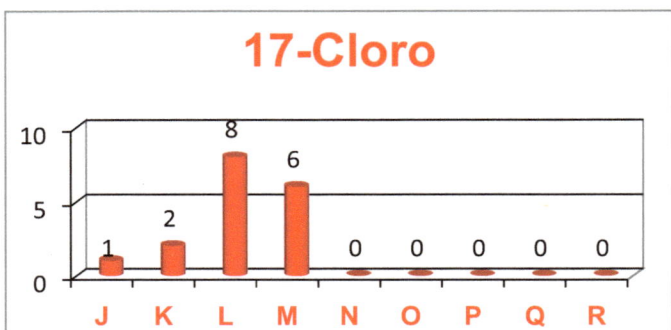

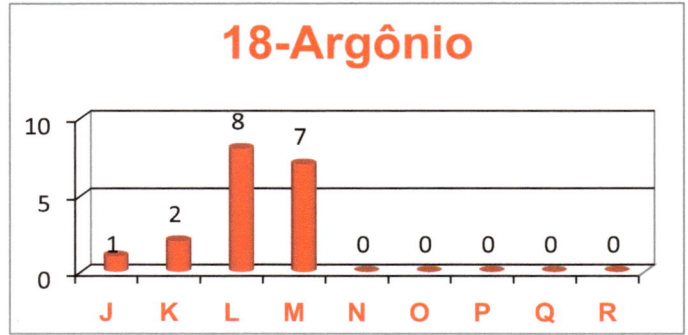

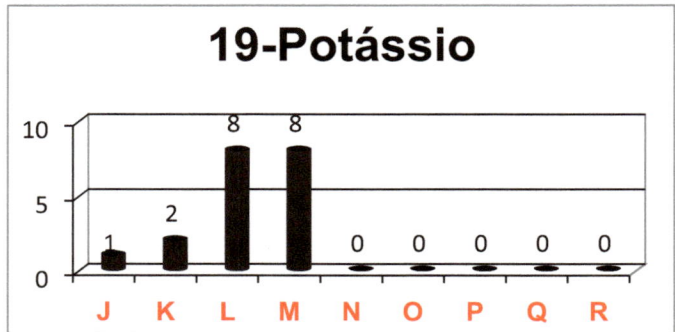

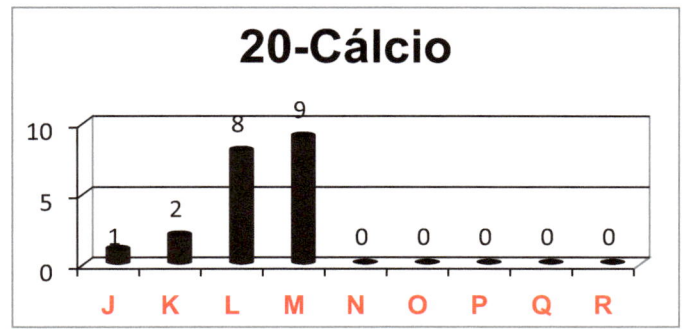

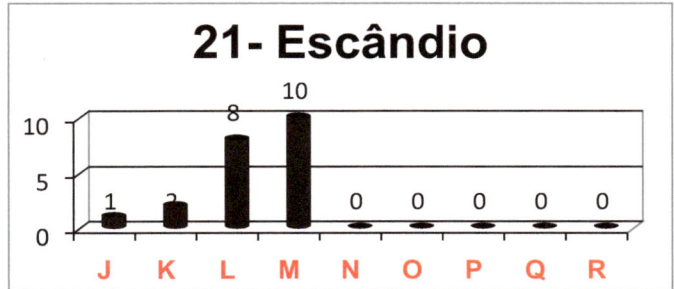

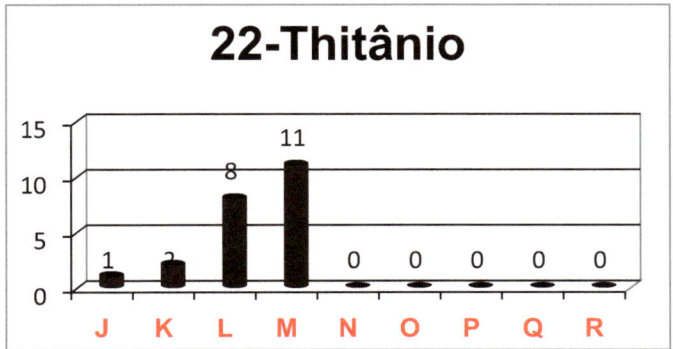

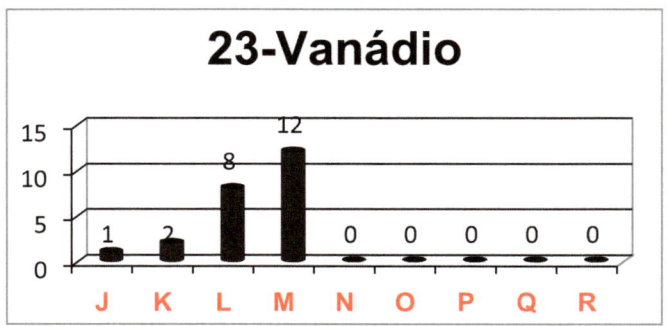

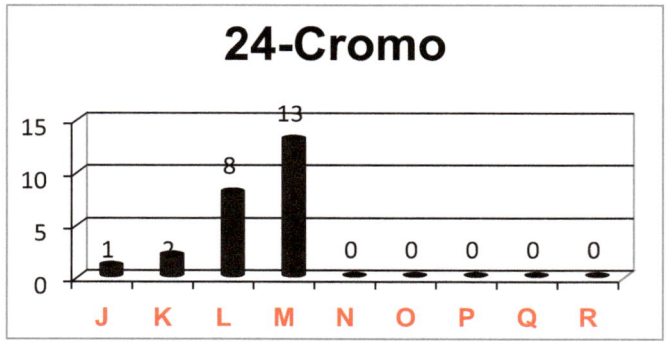

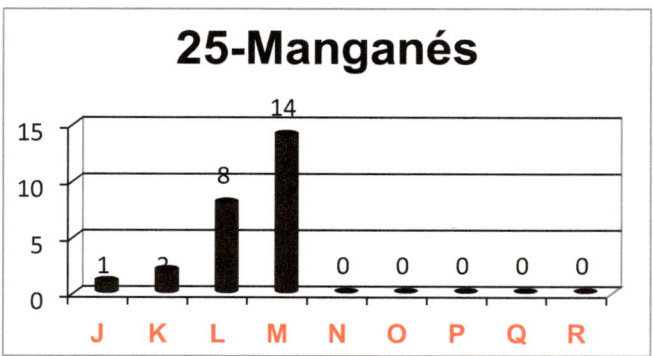

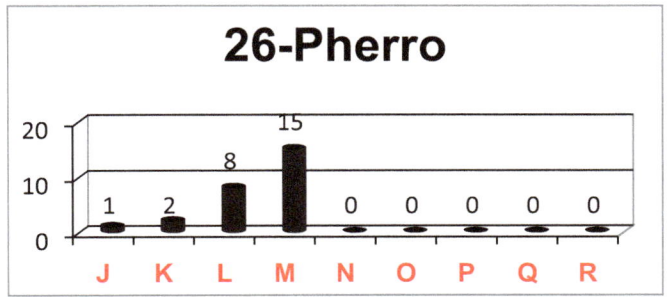

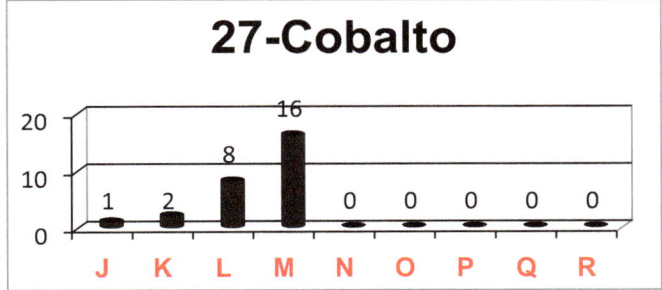

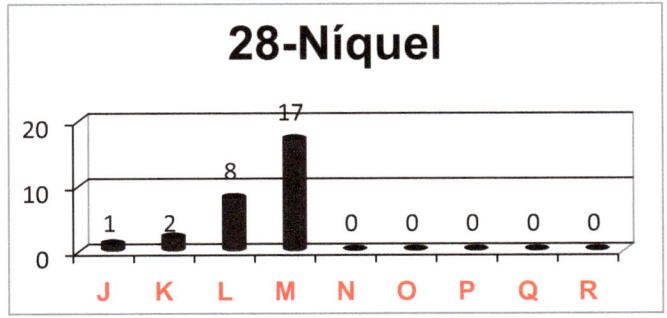

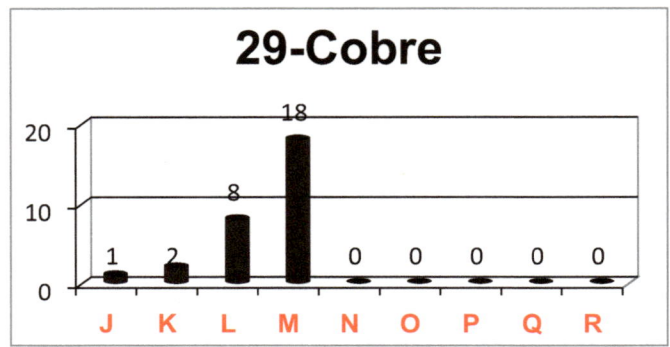
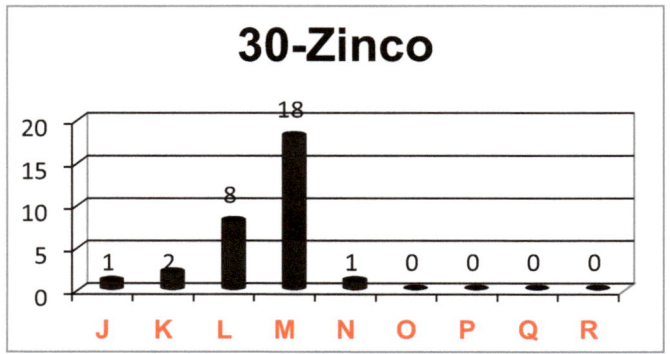
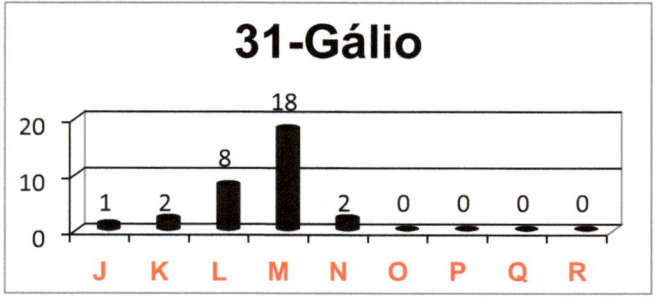

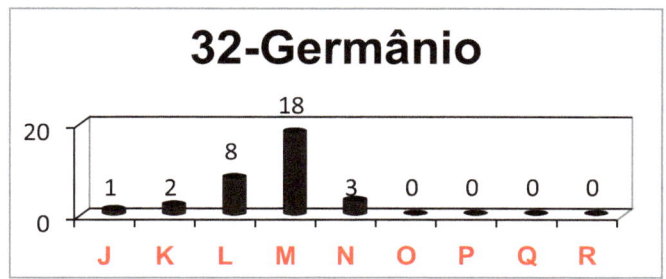
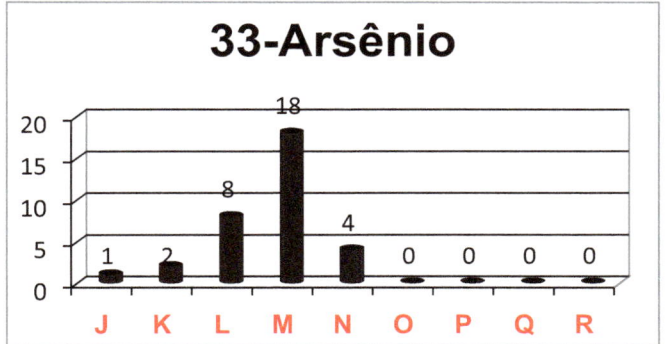
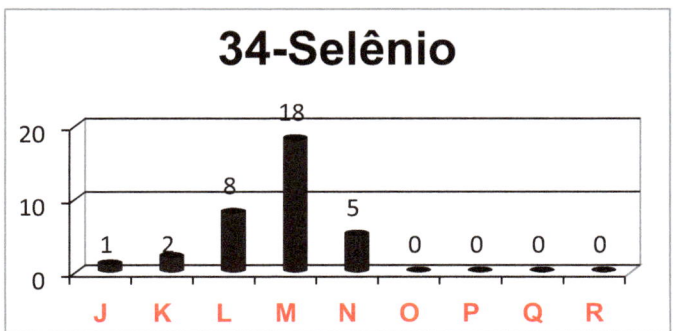

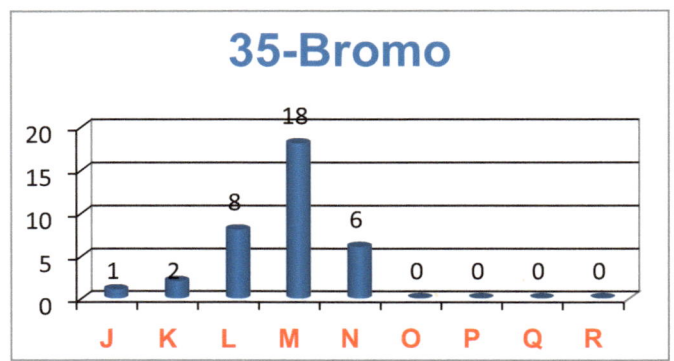
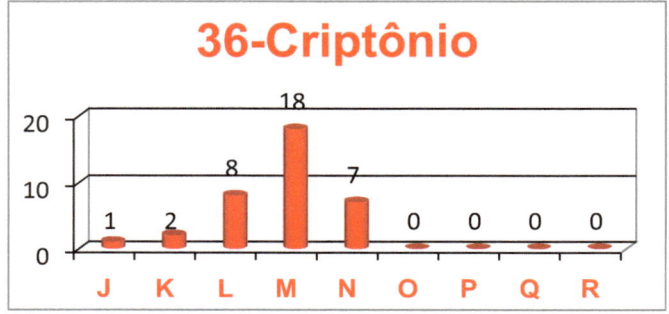
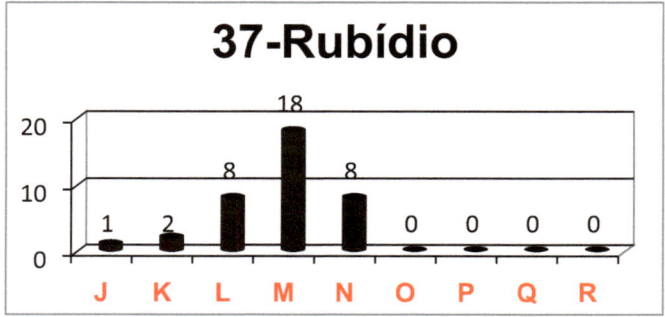

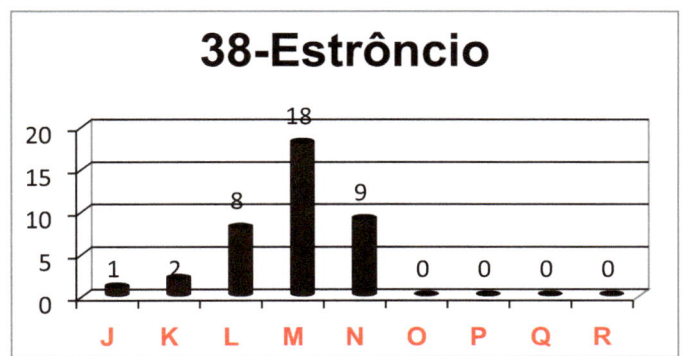
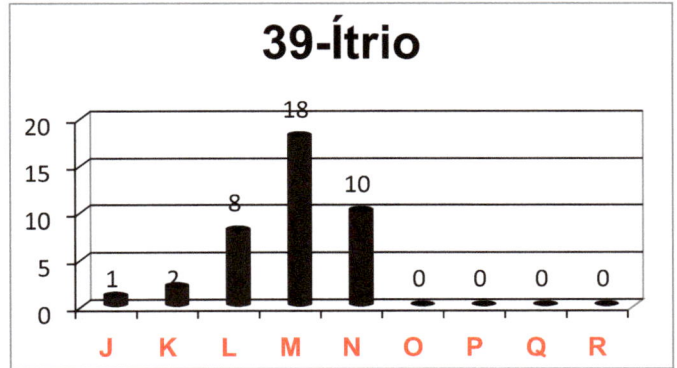
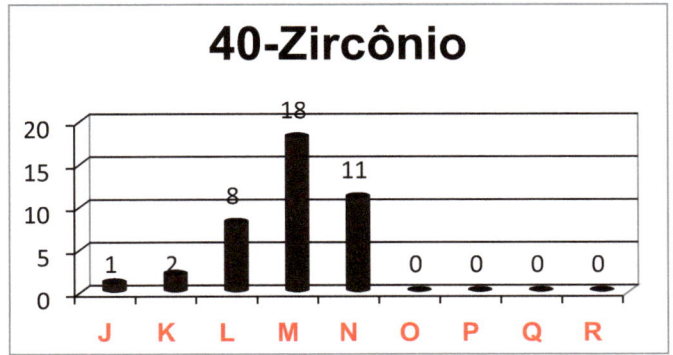

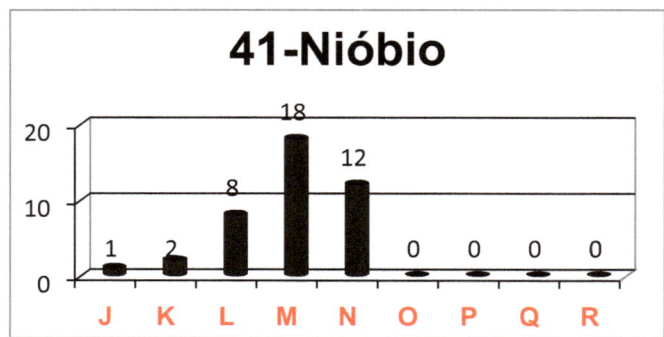

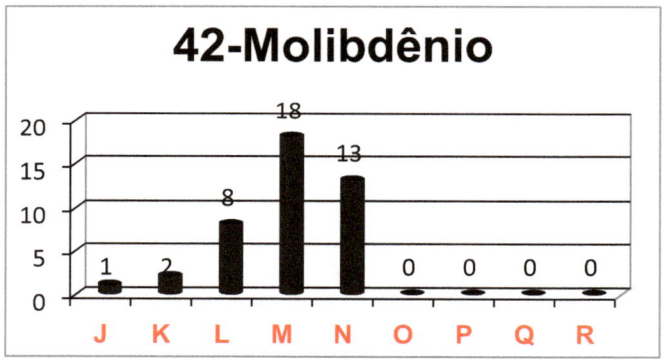

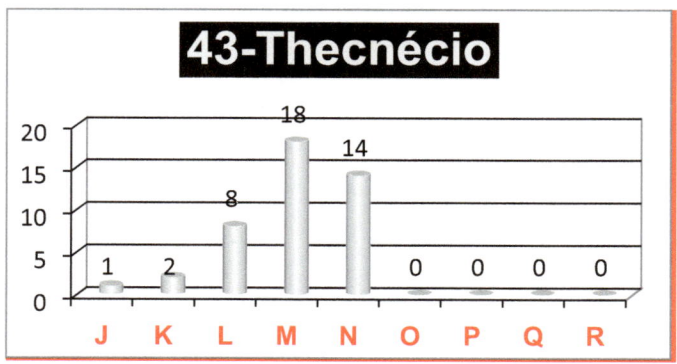

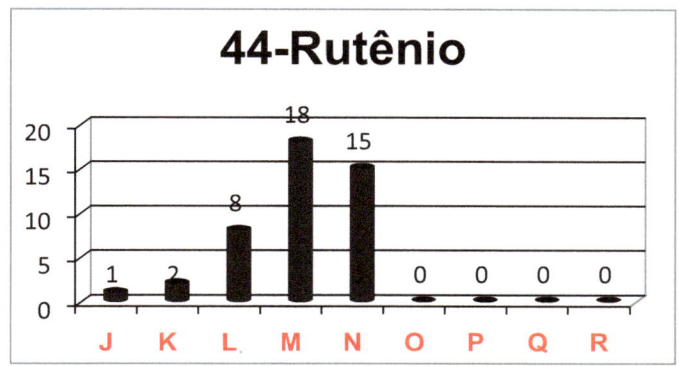

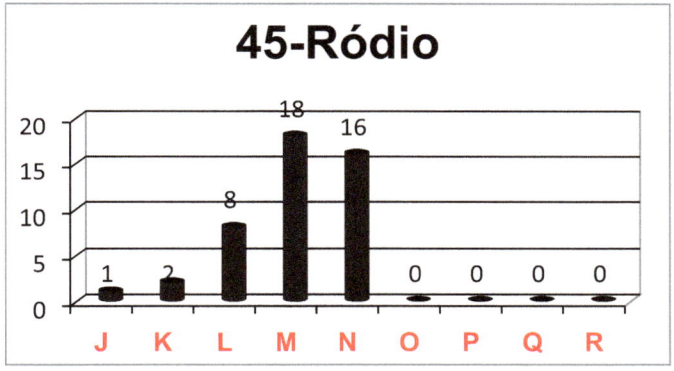

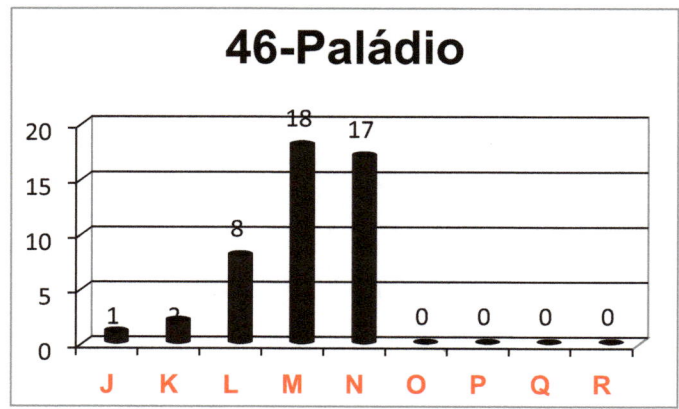

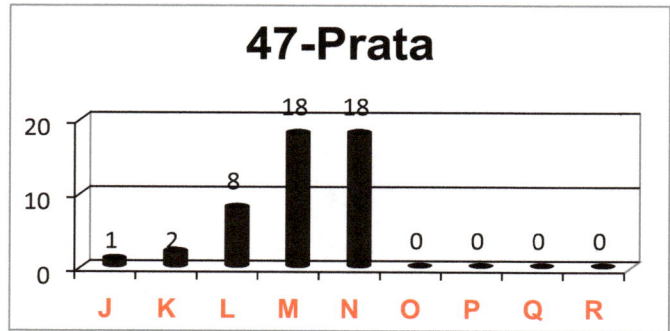

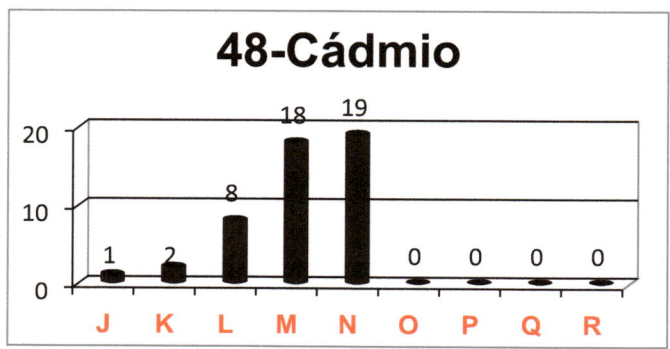

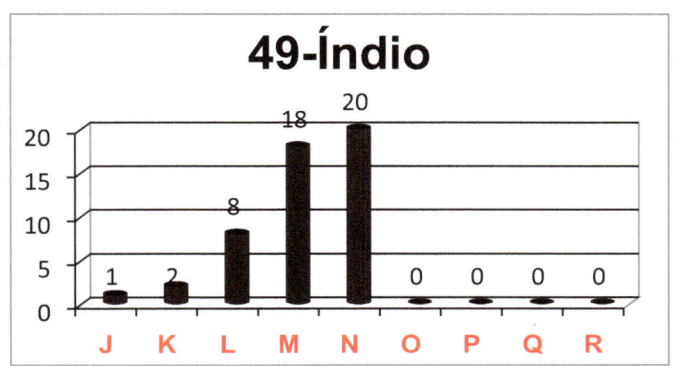

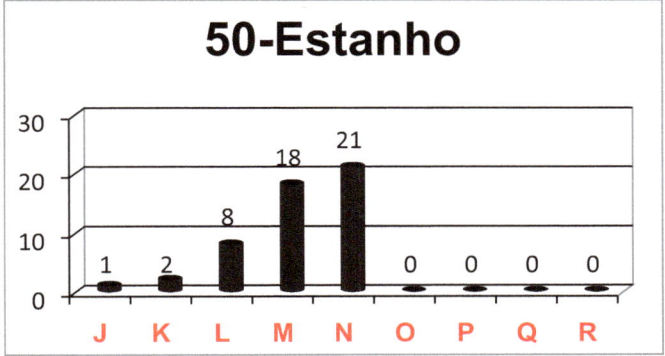

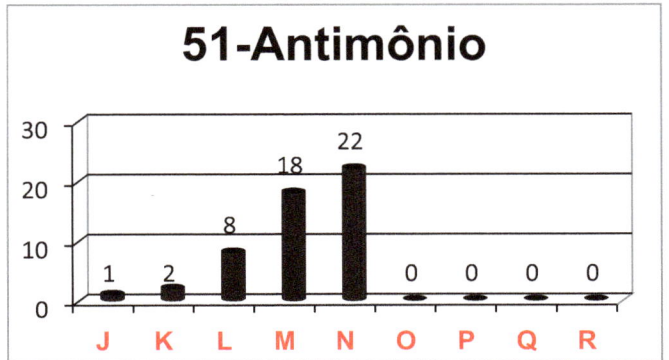

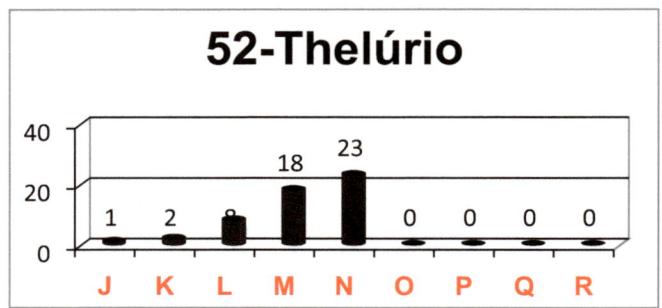

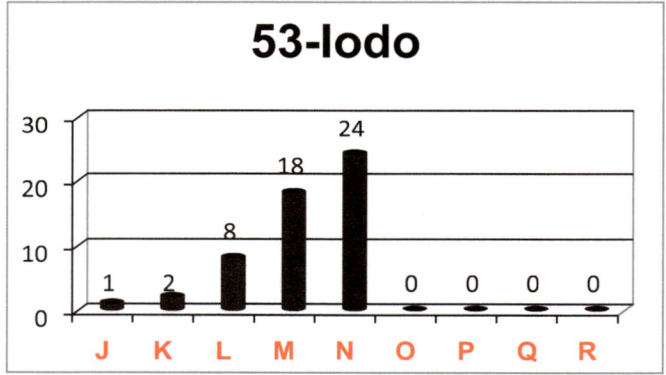

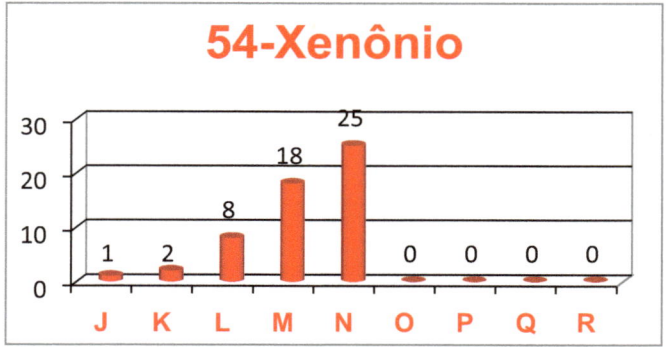

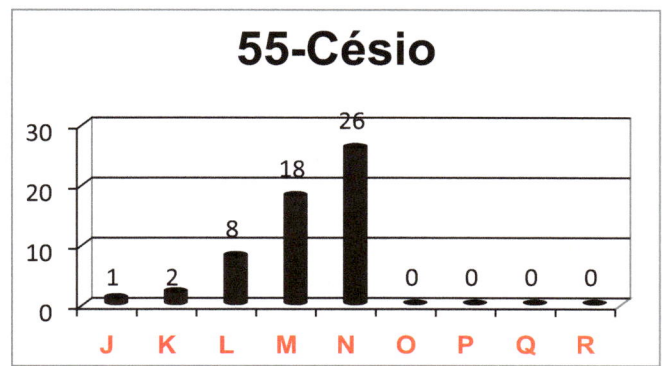
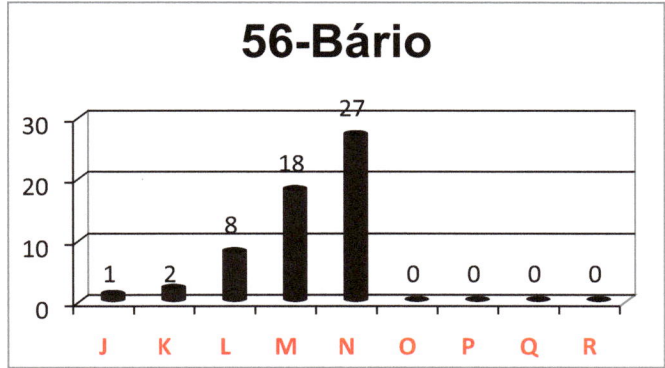
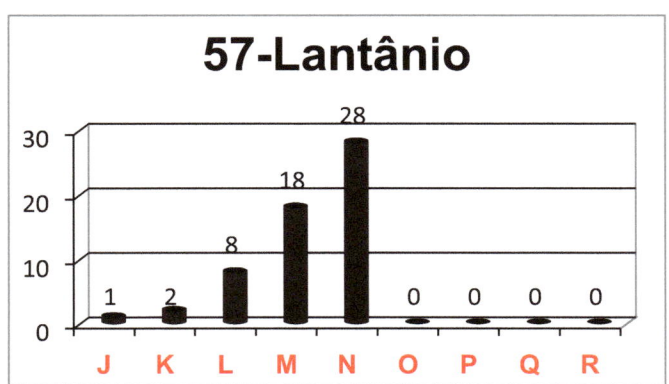

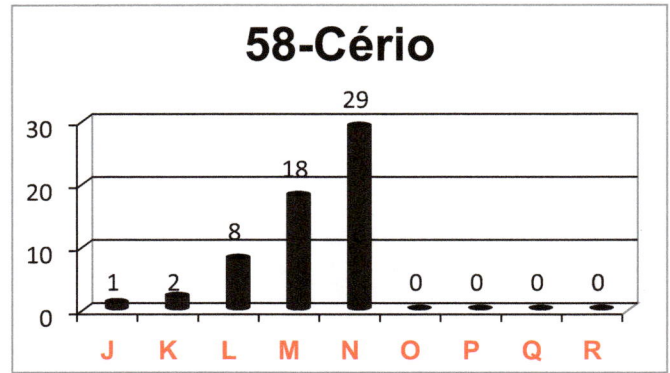

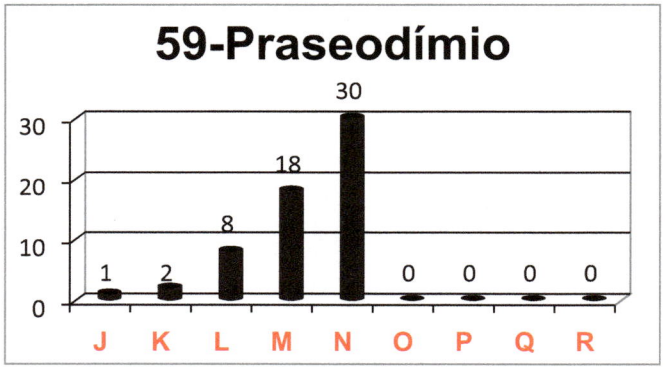

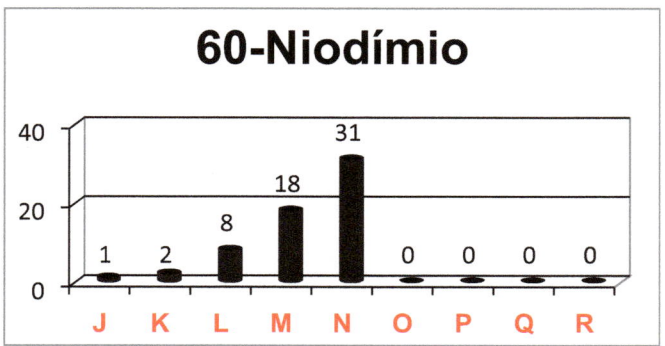

69.0 Editora S. Templo Matriz

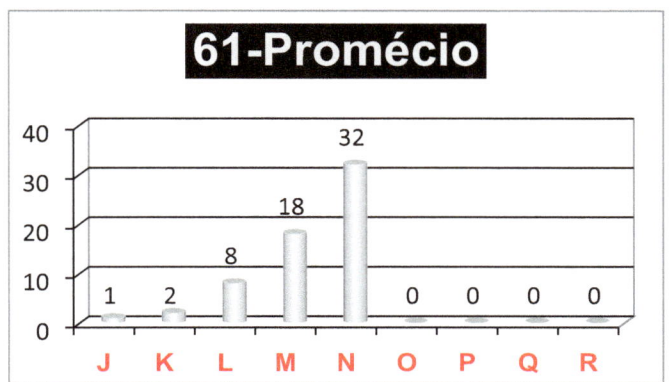

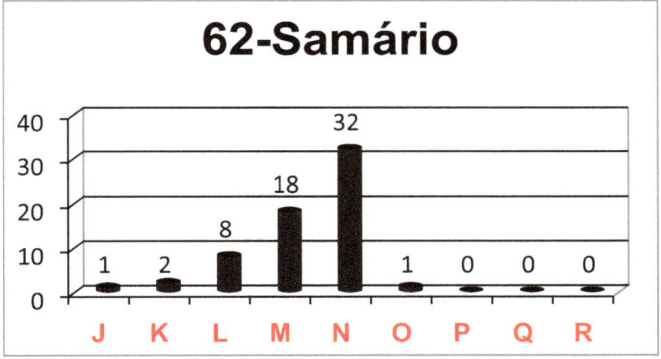

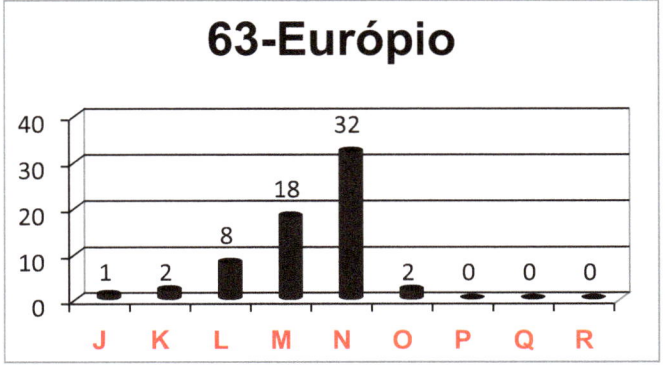

70.0   Editora S. Templo Matriz

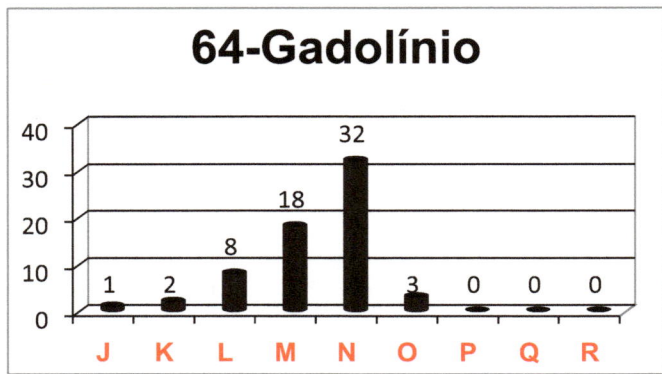

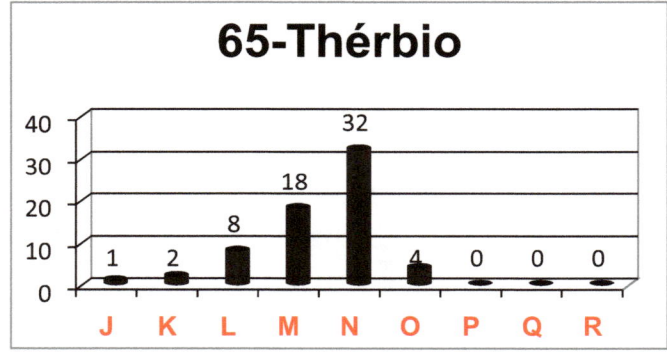

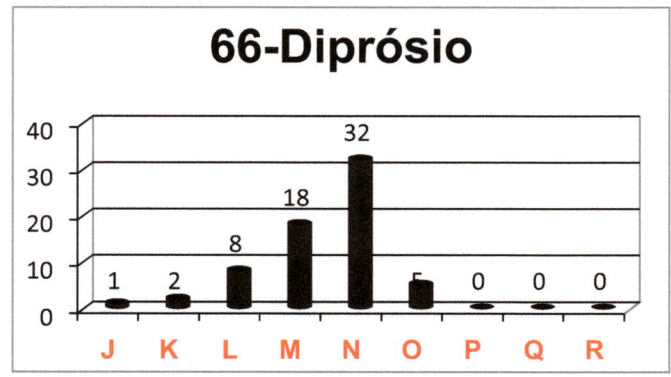

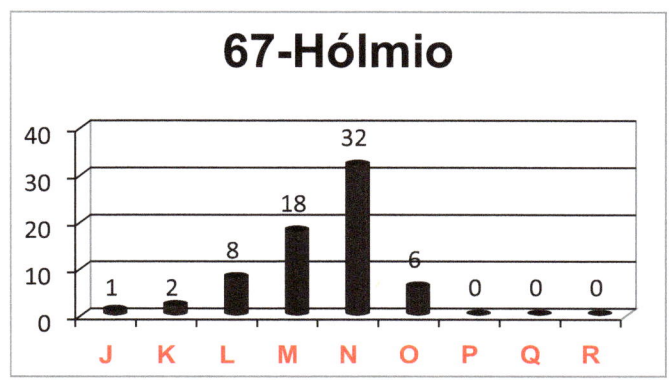

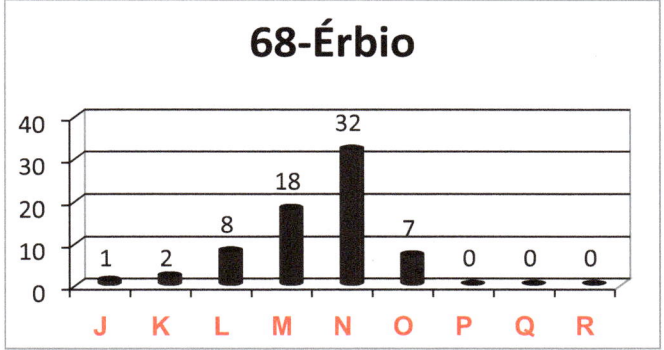

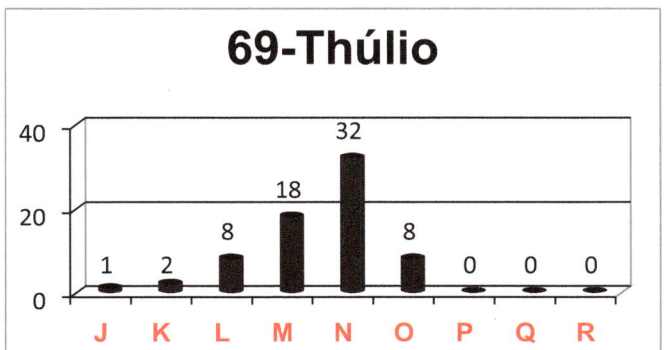

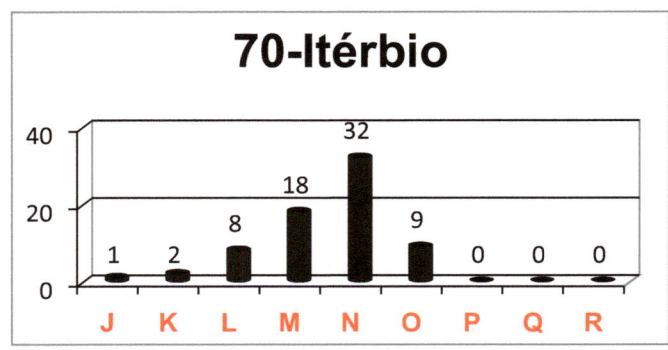

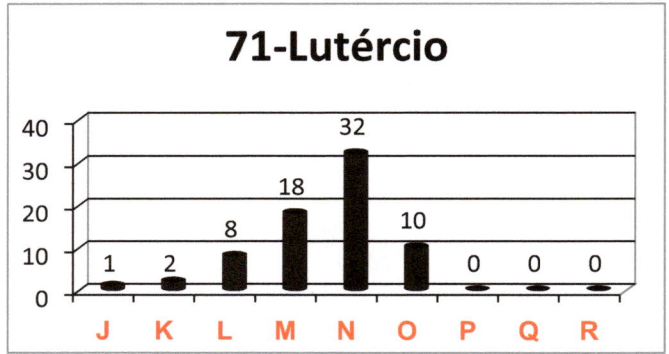

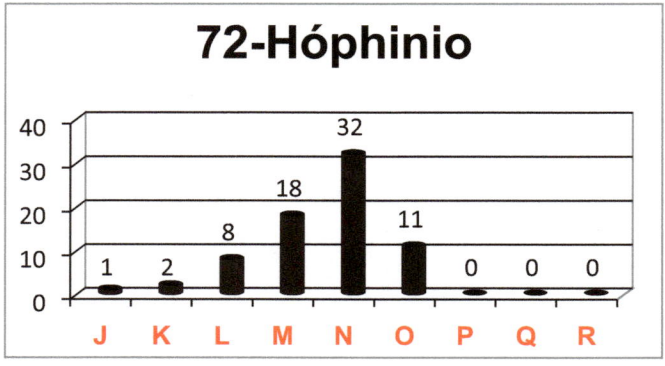

73.0   Editora S. Templo Matriz

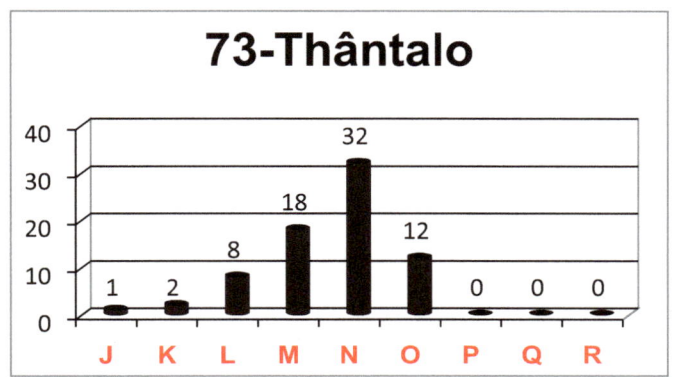

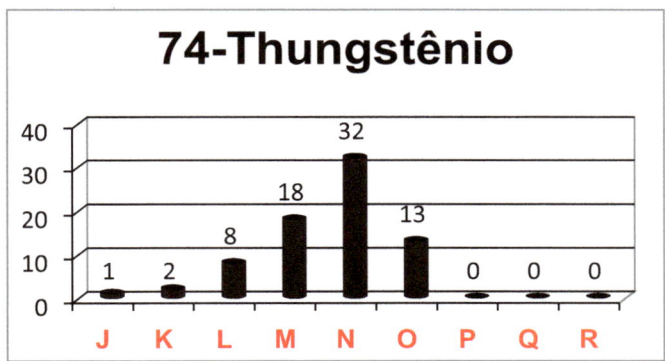

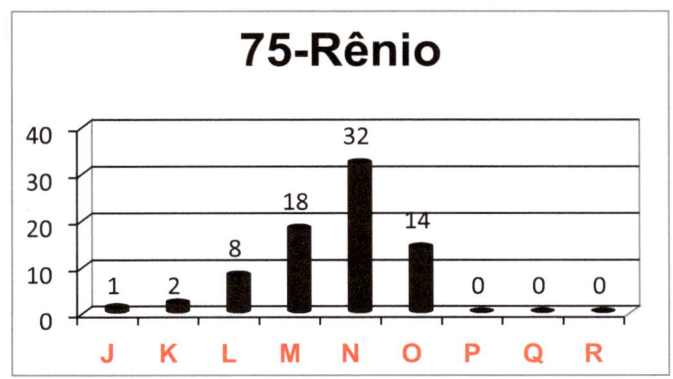

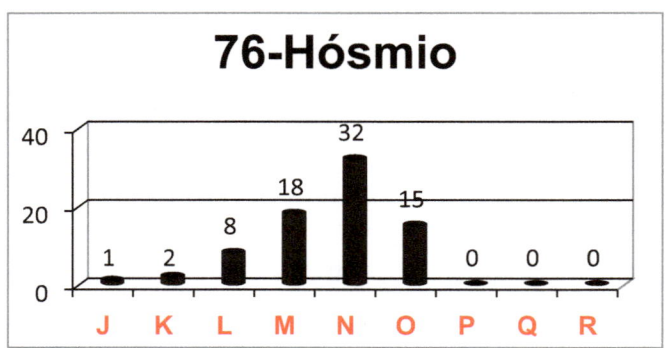
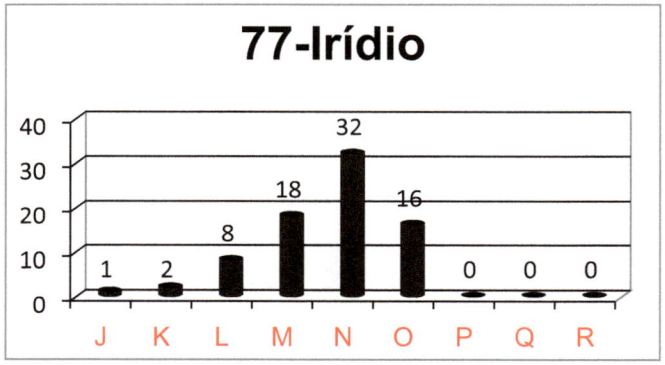
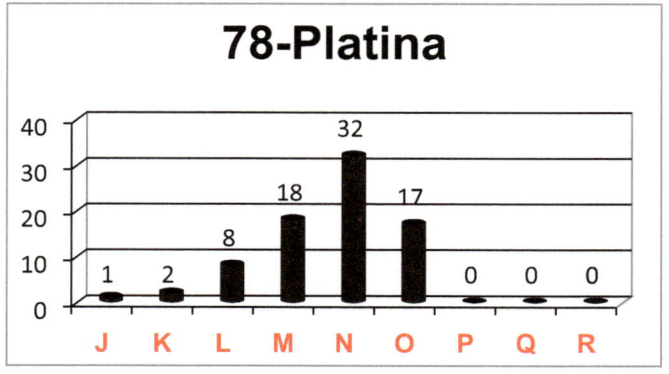

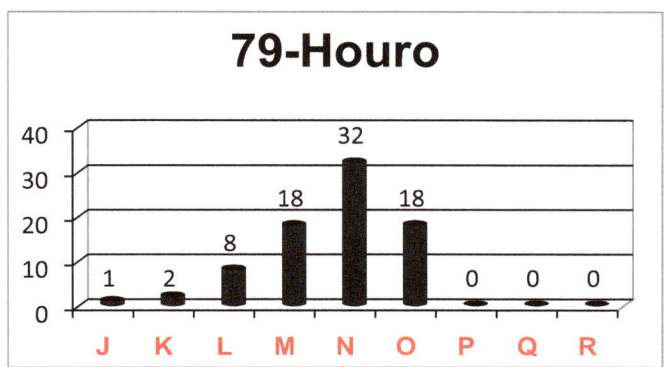

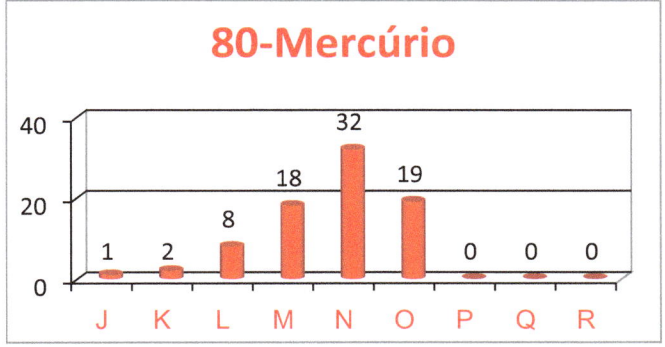

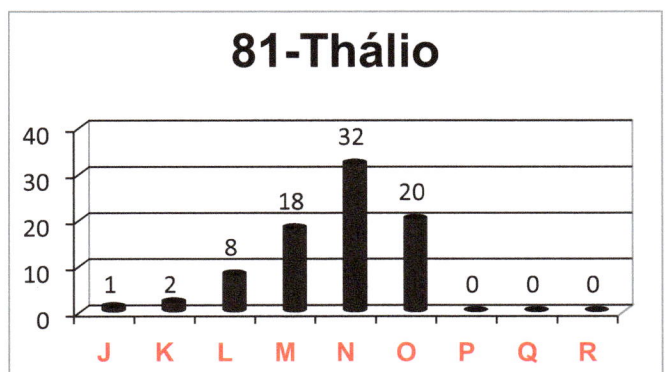

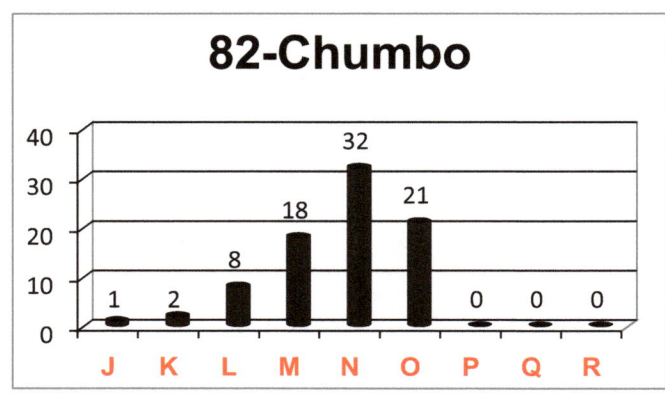

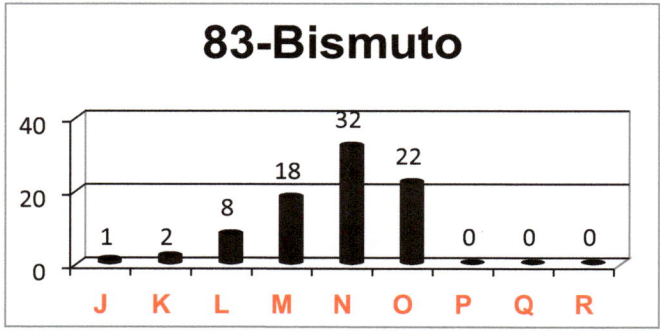

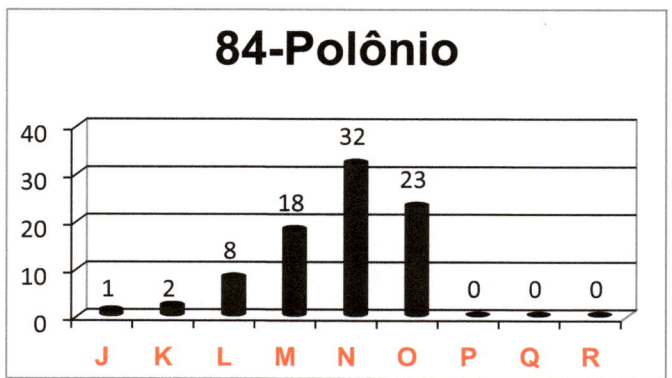

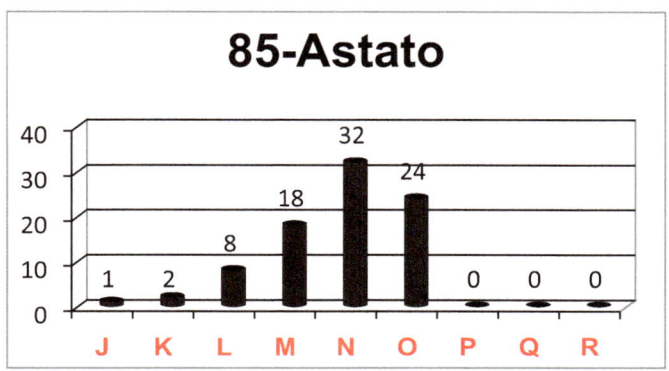

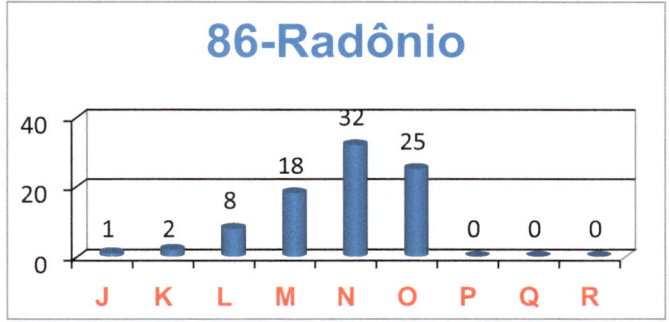

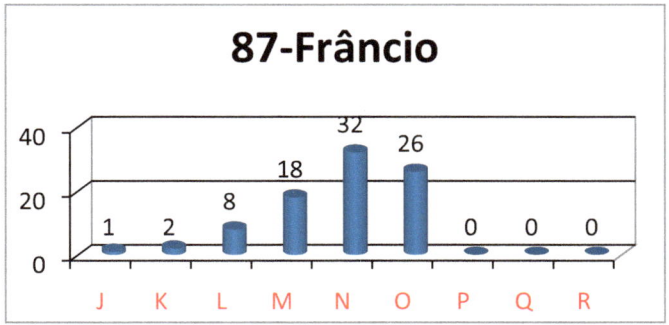

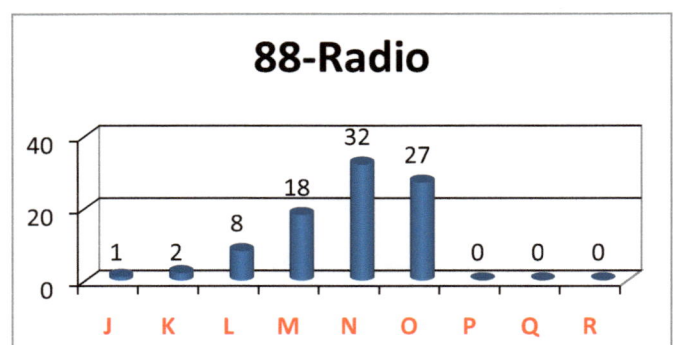

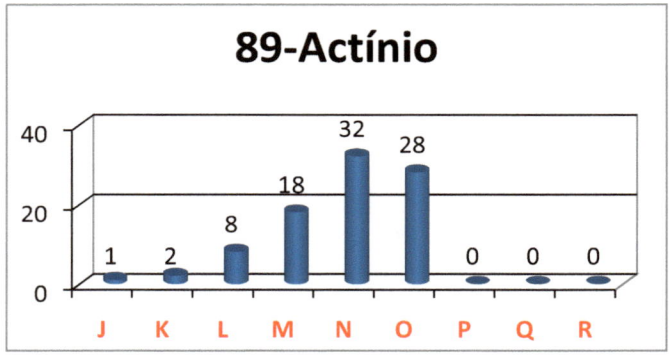

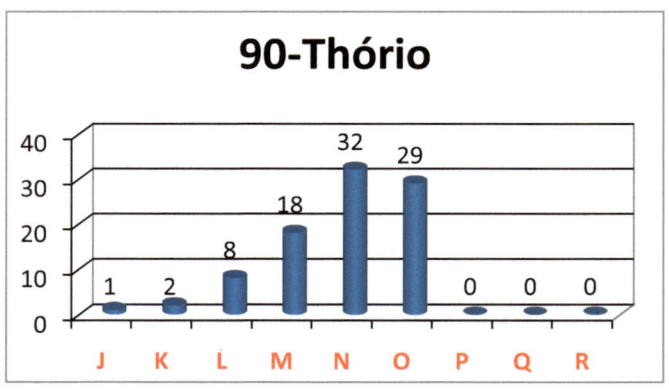

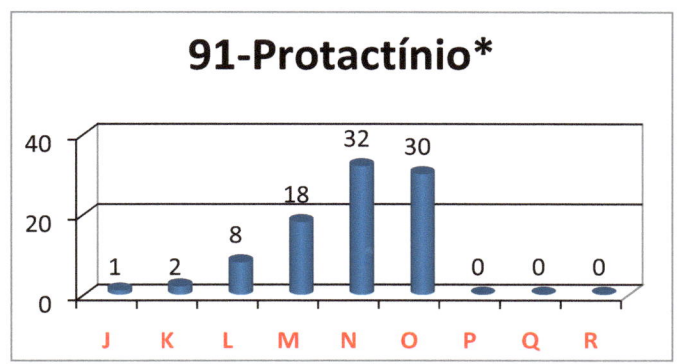

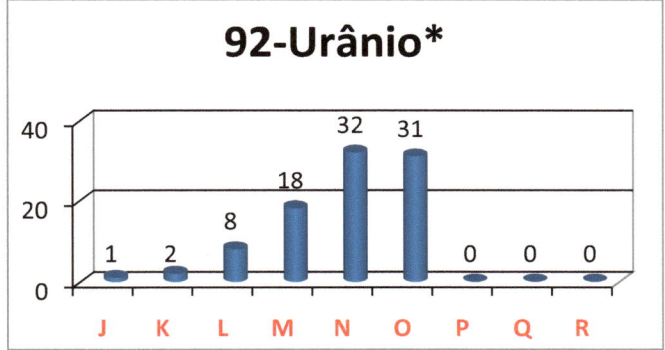

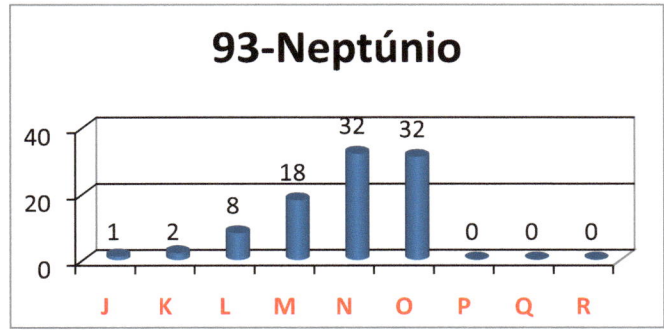

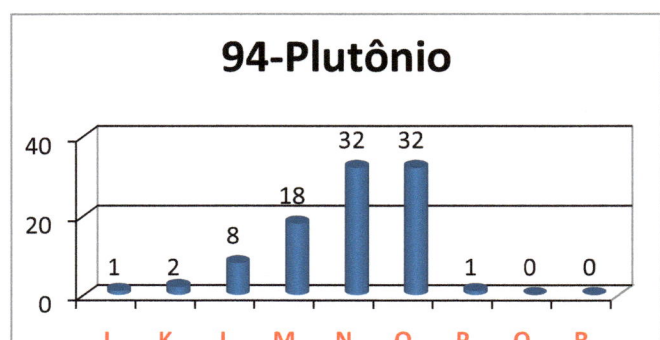

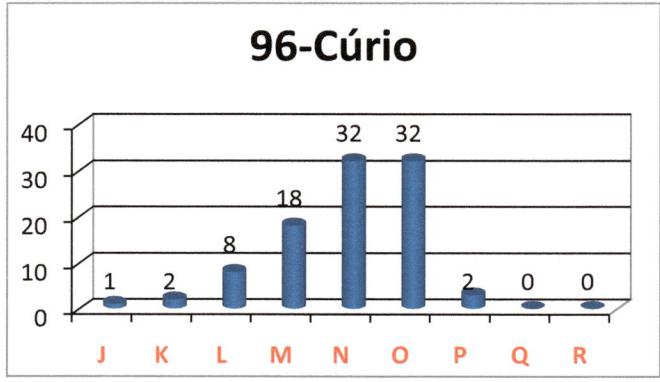

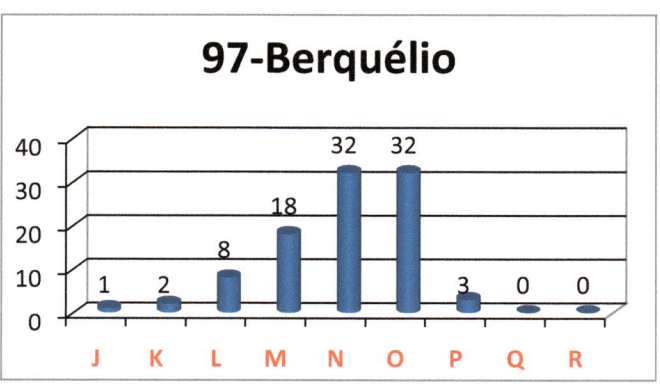

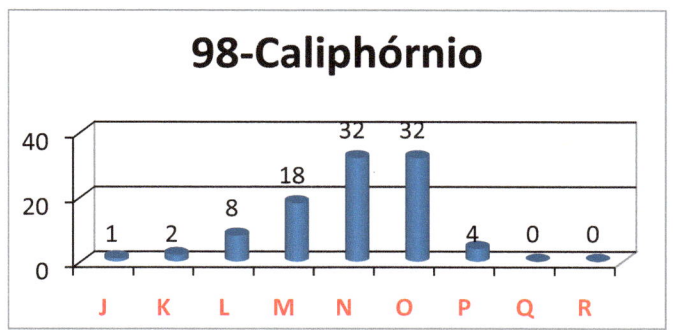

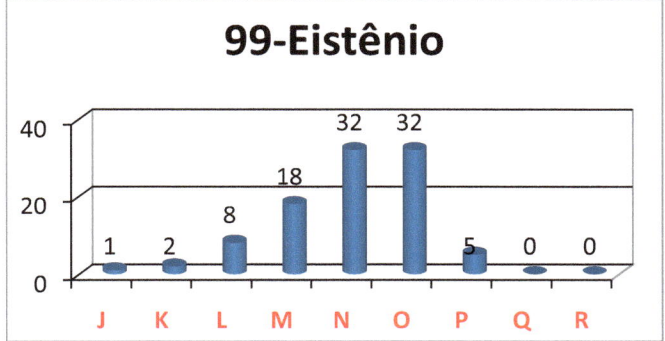

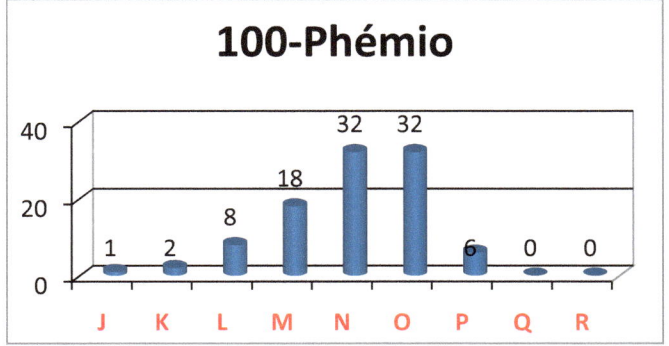

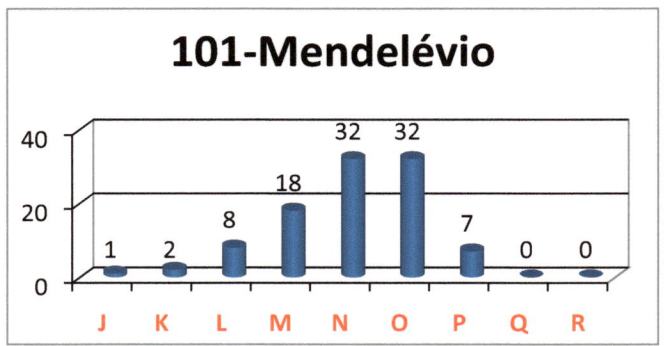

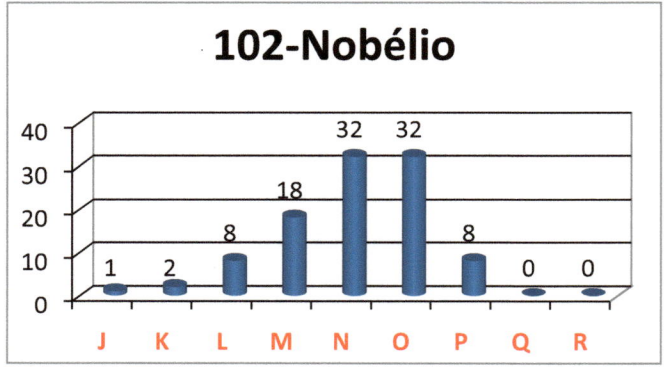

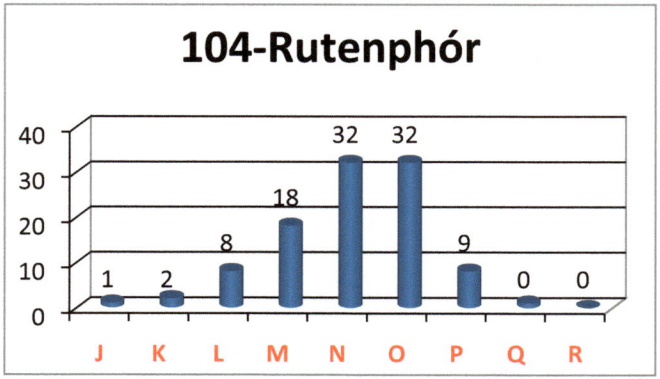

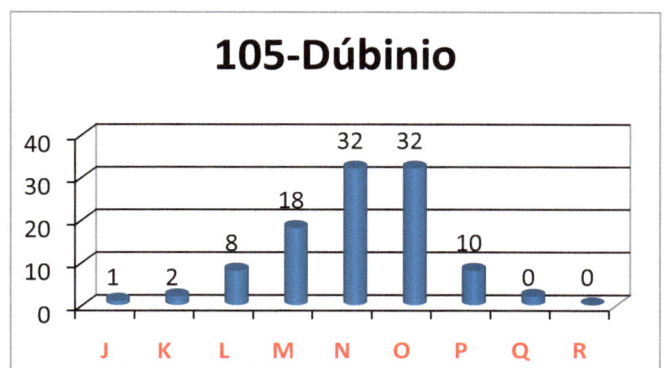

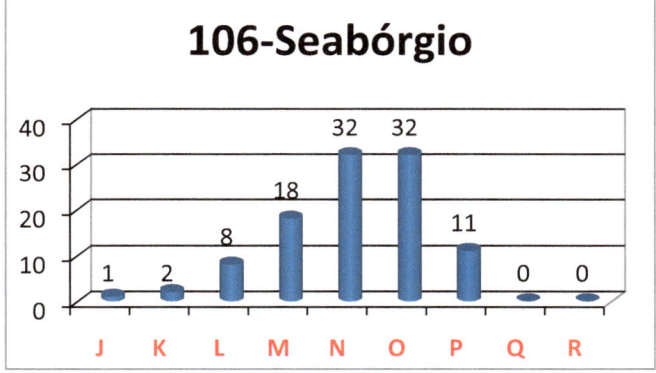

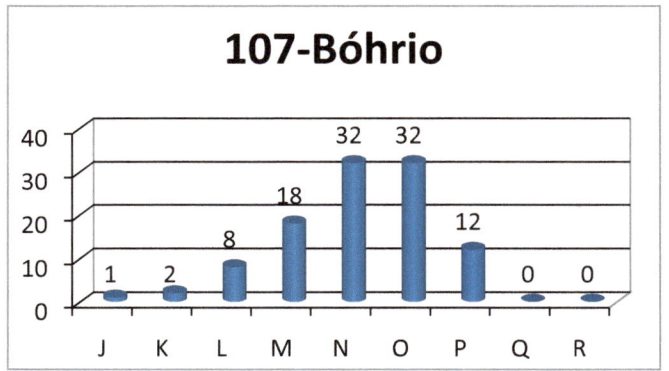

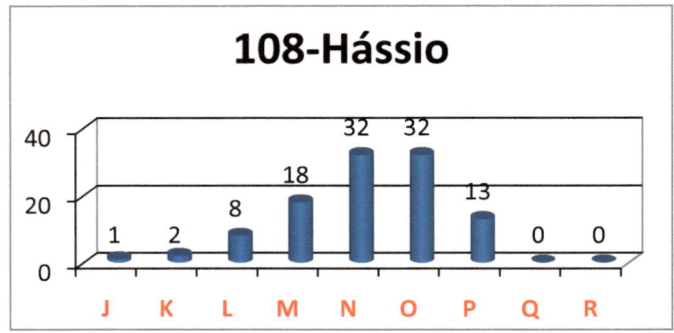

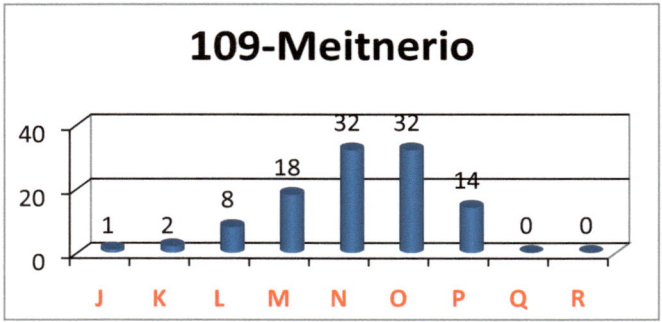

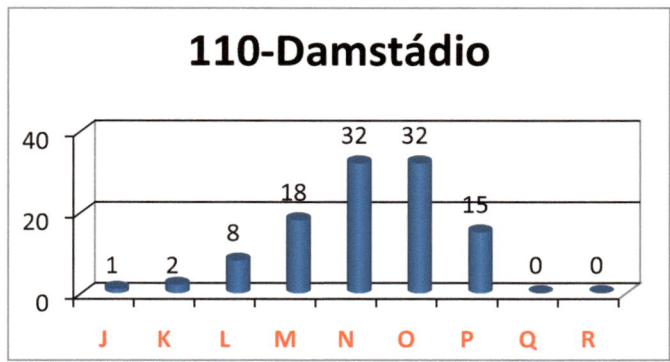

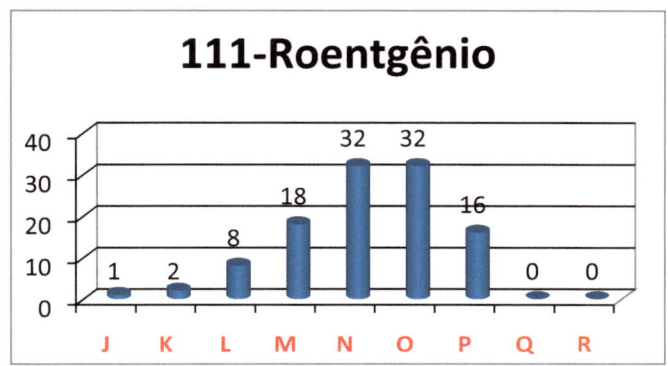

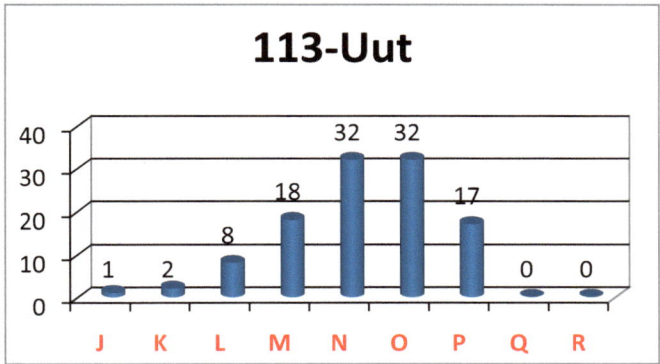

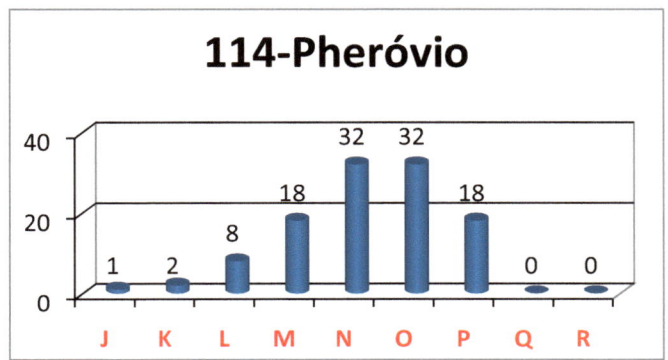

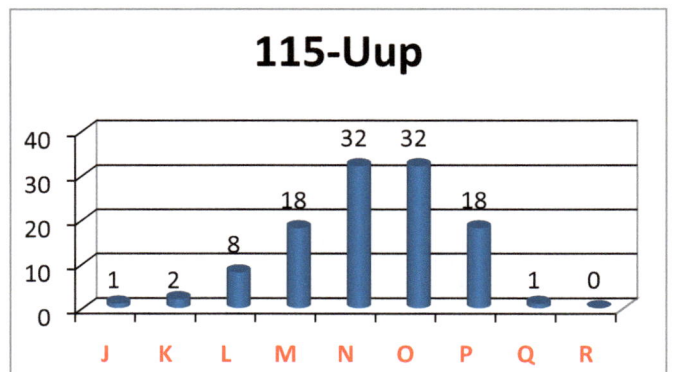

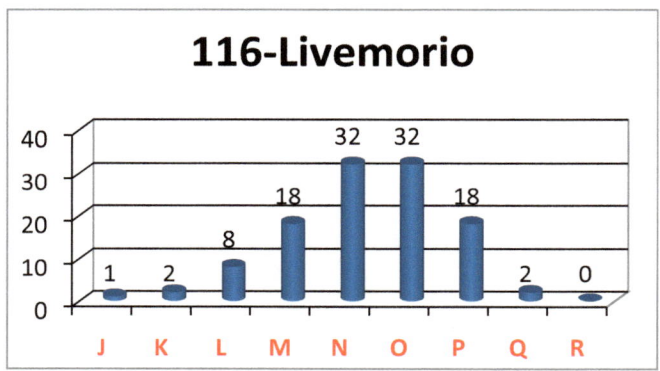

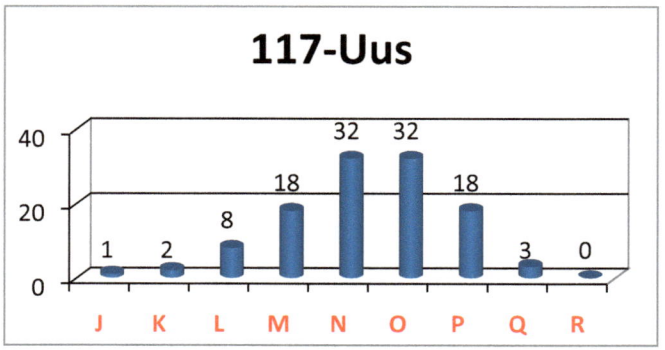

87.0 Editora S. Templo Matriz

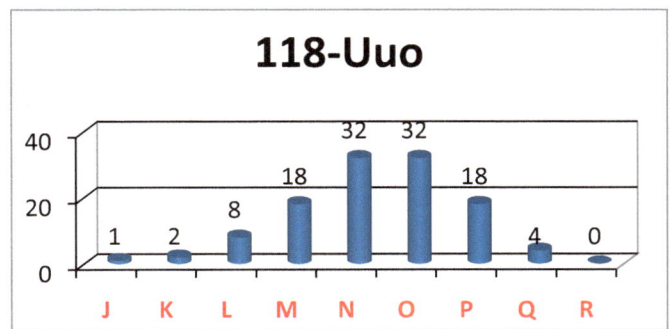

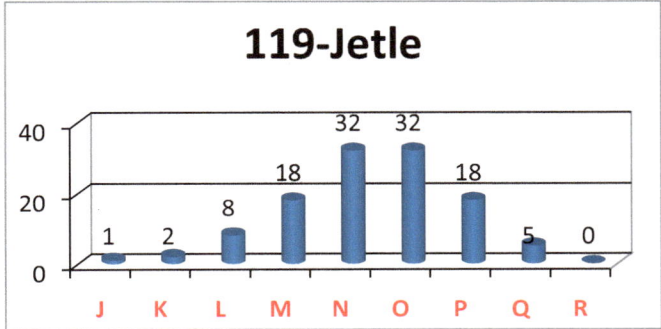

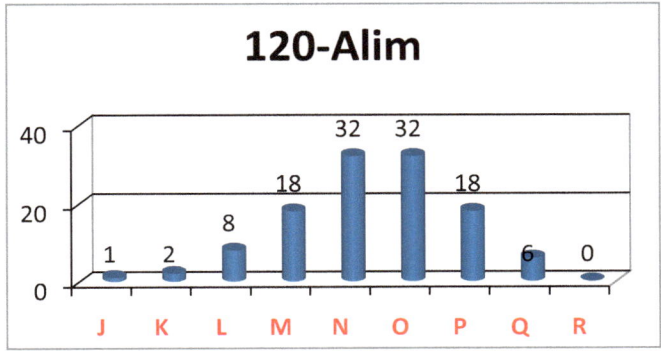

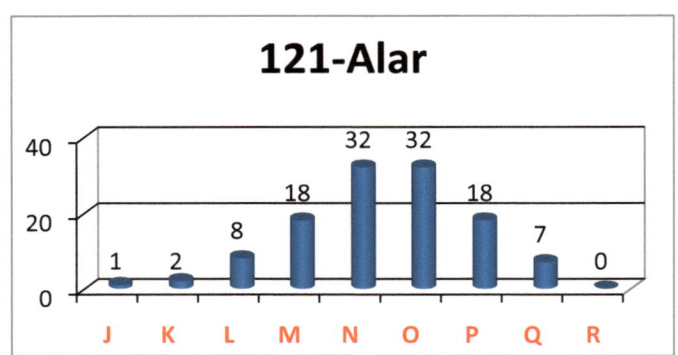

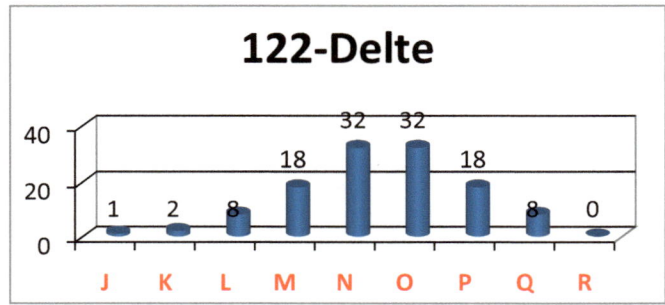

Tabela de Configuração Eletrônica

Sub nível	Números de elétrons
s	2
p	6
d	10
f	14

Cada camada é uma orbital, essas orbitais são regiões na eletrosfera do átomo aonde há maior possibilidade de encontrar os elétrons, e cada orbital pode conter no máximo dois elétrons. Os elétrons dentro de um orbital possuem **duas possibilidades** que são nomeados de **spins** que estão alinhados no mesmo sentido ou no sentido oposto e quando são submetidos a um campo magnético. E quando tem **dois elétrons** em **um orbital** os **spins girão ao contrário dos elétrons**. Os sub níveis (**s,p,d,f**) tem (**1,3,4 e 7**) orbitais cada um.

Biografia do cientista Linus Carl Pauling

O cientista e químico quântico e bioquímico norte americano que nasceu no município de **Portland**, nos estado de **Oregon** no país Estados Unidos da América, no dia (**28**) vinte e oito de Fevereiro (**2**) do ano (**1901**) hum mil novecentos e um, e morreu no dia (**19**) dezenove do mês de Agosto (**8**) do ano de (**1994**) hum mil novecentos e noventa e quatro, no ano de (**1932**) hum mil novecentos e trinta e dois, ele desenvolveu os estudos sobre eletronegatividade, e descobriu que os átomos atraia elétrons de outro átomo realizando uma **ligação química**, e a partir daí ele desenvolveu o **diagrama de Pauling** com a distribuição eletrônica que são (**s,p,d,f**). Ele recebeu o prêmio **Nobel de Química** no ano de (**1954**) hum mil novecentos e cinquenta e quatro, pelas descobertas nas ligações químicas e a regra do octeto, da estrutura molecular. E no ano de (**1962**) hum novecentos e sessenta e dois, ele recebeu outro prêmio Nobel da paz, por lutar para que os países não utiliza-se armas atômicas nas guerras.

Distribuição Eletrônica

O cientista **Linus Carl Pauling** propôs um diagrama que coloca todos os sub níveis vistos até o momento em ordem crescente de energia. Ele deve ser lido na diagonal para que a regra de ordem crescente de energia seja cumprida. Este diagrama pode ser visto abaixo. O diagrama é lido da direita para a esquerda seguindo a direção das setas diagonais.

Letras				
K	$1s^2$			
L	$2s^2$	$2p^6$		
M	$3s^2$	$3p^6$	$3d^{10}$	
N	$4s^2$	$4p^6$	$4d^{10}$	$4f^{14}$
O	$5s^2$	$5p^6$	$5d^{10}$	$5f^{14}$
P	$6s^2$	$6p^6$	$6d^{10}$	
Q	$7s^2$			

A descrição de ordem crescente dos sub níveis de energia são: **$1s^2$, $2s^2$, $2p^6$, $3s^2$, $3p^6$, $4s^2$, $3d^{10}$, $4p^6$, $5s^2$, $4d^{10}$, $5p^6$, $6s^2$, $4f^{14}$, $5d^{10}$, $6p^6$, $7s^2$, $5f^{14}$, $6d^{10}$,** o maior sub nível de energia é o **$6d^{10}$**, e o menor é o **$1s^2$**, cada expoente de cada sub nível equivale a quantidade máxima de elétrons que ele comporta, para realizar a distribuição eletrônica dos átomos precisamos saber quantos elétrons tem um determinado átomo.

Tabela da distribuição eletrônica dos sub níveis em ordem crescente:

1s	2s	2p	3s	3p^6	4s	3d	4p	5s	4d
2	2	6	2		2	10	6	2	10
5	6s	4f	5d	6	7s	5f^1	6d		

p⁶	2	14	10	p⁶	2	4	10		

Vamos treinar um pouco:

A distribuição eletrônica dos átomos dos elementos químicos ajuda a descobrir as características deles.

No átomo de **Magnésio** possui (**12**) doze elétrons, a distribuição eletrônica é: **1s², 2s², 2p⁶, 3s²**, a soma dos expoentes é igual a (**12**) doze elétrons.

No átomo de **Flúor** existe (**9**) nove elétrons, a distribuição eletrônica dele será: **1s², 2s², 2p⁵**.

No átomo de **Silício** existe (**14**) quatorze elétrons, a distribuição eletrônica será: **1s², 2s², 2p⁶, 3s², 3p²**.

No átomo de **Fósforo (P)** existe (**15**) quinze elétrons, a distribuição eletrônica será: **1s², 2s², 2p⁶, 3s², 3p³**.

No átomo de **Enxofre (S)** existe (**16**) dezesseis elétrons, a distribuição eletrônica será: **1s², 2s², 2p⁶, 3s², 3p⁴**.

No átomo de **Cloro (Cl)** existe (**17**) dezessete elétrons, a distribuição eletrônica será: **1s², 2s², 2p⁶, 3s², 3p⁵**.

No átomo de **Argônio** (**Ar**) existe (**18**) dezoito elétrons, a distribuição eletrônica será: **$1s^2$, $2s^2$, $2p^6$, $3s^2$, $3p^6$**.

No átomo de **Potássio** (**K**) existe (**19**) dezenove elétrons, a distribuição eletrônica será: **$1s^2$, $2s^2$, $2p^6$, $3s^2$, $3p^6$, $4s^1$**.

No átomo de **Cálcio** (**Ca**) existe (**20**) vinte elétrons, a distribuição eletrônica será: **$1s^2$, $2s^2$, $2p^6$, $3s^2$, $3p^6$, $4s^2$**.

Tabela da distribuição eletrônicas dos átomos:

Let.	Nº	Distribuição
H	1	$1s^1$.
He	2	$1s^2$.
Li	3	$1s^2$, $2s^1$.
Be	4	$1s^2$, $2s^2$.
B	5	$1s^2$, $2s^2$, $2p^1$.
C	6	$1s^2$, $2s^2$, $2p^2$.
N	7	$1s^2$, $2s^2$, $2p^3$.
O	8	$1s^2$, $2s^2$, $2p^4$.
F	9	$1s^2$, $2s^2$, $2p^5$.
Ne	10	$1s^2$, $2s^2$, $2p^6$.
Na	11	$1s^2$, $2s^2$, $2p^6$, $3s^1$.
Mg	12	$1s^2$, $2s^2$, $2p^6$, $3s^2$.
Al	13	$1s^2$, $2s^2$, $2p^6$, $3s^2$, $3p^1$.
Si	14	$1s^2$, $2s^2$, $2p^6$, $3s^2$, $3p^2$.
P	15	$1s^2$, $2s^2$, $2p^6$, $3s^2$, $3p^3$.

S	16	$1s^2, 2s^2, 2p^6, 3s^2, 3p^4.$
Cl	17	$1s^2, 2s^2, 2p^6, 3s^2, 3p^5.$
Ar	18	$1s^2, 2s^2, 2p^6, 3s^2, 3p^6.$
K	19	$1s^2, 2s^2, 2p^6, 3s^2, 3p^6, 4s^1.$
Ca	20	$1s^2, 2s^2, 2p^6, 3s^2, 3p^6, 4s^2.$
Sc	21	$1s^2, 2s^2, 2p^6, 3s^2, 3p^6, 4s^2, 3d^1.$
Ti	22	$1s^2, 2s^2, 2p^6, 3s^2, 3p^6, 4s^2, 3d^2.$
V	23	$1s^2, 2s^2, 2p^6, 3s^2, 3p^6, 4s^2, 3d^3.$
Cr	24	$1s^2, 2s^2, 2p^6, 3s^2, 3p^6, 4s^2, 3d^4.$
Mn	25	$1s^2, 2s^2, 2p^6, 3s^2, 3p^6, 4s^2, 3d^5.$
Fe	26	$1s^2, 2s^2, 2p^6, 3s^2, 3p^6, 4s^2, 3d^6.$
Co	27	$1s^2, 2s^2, 2p^6, 3s^2, 3p^6, 4s^2, 3d^7.$
Ni	28	$1s^2, 2s^2, 2p^6, 3s^2, 3p^6, 4s^2, 3d^8.$
Cu	29	$1s^2, 2s^2, 2p^6, 3s^2, 3p^6, 4s^2, 3d^9.$
Zn	30	$1s^2, 2s^2, 2p^6, 3s^2, 3p^6, 4s^2, 3d^{10}.$
Ga	31	$1s^2, 2s^2, 2p^6, 3s^2, 3p^6, 4s^2, 3d^{10}, 4p^1.$
Ge	32	$1s^2, 2s^2, 2p^6, 3s^2, 3p^6, 4s^2, 3d^{10}, 4p^2.$
As	33	$1s^2, 2s^2, 2p^6, 3s^2, 3p^6, 4s^2, 3d^{10}, 4p^3.$
Se	34	$1s^2, 2s^2, 2p^6, 3s^2, 3p^6, 4s^2, 3d^{10}, 4p^4.$
Br	35	$1s^2, 2s^2, 2p^6, 3s^2, 3p^6, 4s^2, 3d^{10}, 4p^5.$
Kr	36	$1s^2, 2s^2, 2p^6, 3s^2, 3p^6, 4s^2, 3d^{10}, 4p^6.$
Rb	37	$1s^2, 2s^2, 2p^6, 3s^2, 3p^6, 4s^2, 3d^{10}, 4p^6, 4d^1.$
Sr	38	$1s^2, 2s^2, 2p^6, 3s^2, 3p^6, 4s^2, 3d^{10}, 4p^6, 4d^2.$

Y	39	$1s^2, 2s^2, 2p^6, 3s^2, 3p^6, 4s^2, 3d^{10}, 4p^6, 4d^3$.
Zr	40	$1s^2, 2s^2, 2p^6, 3s^2, 3p^6, 4s^2, 3d^{10}, 4p^6, 4d^4$.
Nb	41	$1s^2, 2s^2, 2p^6, 3s^2, 3p^6, 4s^2, 3d^{10}, 4p^6, 4d^5$.
Mo	42	$1s^2, 2s^2, 2p^6, 3s^2, 3p^6, 4s^2, 3d^{10}, 4p^6, 4d^6$.
Tc*	43	$1s^2, 2s^2, 2p^6, 3s^2, 3p^6, 4s^2, 3d^{10}, 4p^6, 4d^7$.
Ru	44	$1s^2, 2s^2, 2p^6, 3s^2, 3p^6, 4s^2, 3d^{10}, 4p^6, 4d^8$.
Rh	45	$1s^2, 2s^2, 2p^6, 3s^2, 3p^6, 4s^2, 3d^{10}, 4p^6, 4d^9$.
Pd	46	$1s^2, 2s^2, 2p^6, 3s^2, 3p^6, 4s^2, 3d^{10}, 4p^6, 4d^{10}$.
Ag	47	$1s^2, 2s^2, 2p^6, 3s^2, 3p^6, 4s^2, 3d^{10}, 4p^6, 4d^{10}, 5p^1$.
Cd	48	$1s^2, 2s^2, 2p^6, 3s^2, 3p^6, 4s^2, 3d^{10}, 4p^6, 4d^{10}, 5p^2$.
In	49	$1s^2, 2s^2, 2p^6, 3s^2, 3p^6, 4s^2, 3d^{10}, 4p^6, 4d^{10}, 5p^3$.
Sn	50	$1s^2, 2s^2, 2p^6, 3s^2, 3p^6, 4s^2, 3d^{10}, 4p^6, 4d^{10}, 5p^4$.
Sb	51	$1s^2, 2s^2, 2p^6, 3s^2, 3p^6, 4s^2, 3d^{10}, 4p^6, 4d^{10}, 5p^5$.
Te	52	$1s^2, 2s^2, 2p^6, 3s^2, 3p^6, 4s^2, 3d^{10}, 4p^6, 4d^{10}, 5p^6$.
I	53	$1s^2, 2s^2, 2p^6, 3s^2, 3p^6, 4s^2, 3d^{10}, 4p^6, 4d^{10}, 5p^6, 6s^1$.
Xe	54	$1s^2, 2s^2, 2p^6, 3s^2, 3p^6, 4s^2, 3d^{10}, 4p^6, 4d^{10}, 5p^6, 6s^2$.

Cs	55	$1s^2$, $2s^2$, $2p^6$, $3s^2$, $3p^6$, $4s^2$, $3d^{10}$, $4p^6$, $4d^{10}$, $5p^6$, $6s^2$, $4f^1$.
Ba	56	$1s^2$, $2s^2$, $2p^6$, $3s^2$, $3p^6$, $4s^2$, $3d^{10}$, $4p^6$, $4d^{10}$, $5p^6$, $6s^2$, $4f^2$.
La	57	$1s^2$, $2s^2$, $2p^6$, $3s^2$, $3p^6$, $4s^2$, $3d^{10}$, $4p^6$, $4d^{10}$, $5p^6$, $6s^2$, $4f^3$.

Estudo sobre a estabilidade do átomo e o sistema do Octeto.

Para os átomos ligarem-se uns aos outros por meio de ligações químicas e atingir (8) oito elétrons na camada de valência.

Camada de Valência:

É a última camada eletrônica presente na distribuição eletrônica de um átomo.

O átomo gasta mais energia quando ele doa elétrons, mas quando o átomo recebe elétrons, ele não gasta energia.

O **Magnésio (Mg) (12)** que contem doze elétrons é de distribuição eletrônica (**$1s^2$, $2s^2$, $2p^6$, $3s^2$**) sendo que (**$3s^2$**) é a camada de valência e juntando com o **Enxofre (S) (16)** que contem dezesseis elétrons é de distribuição eletrônica (**$1s^2$, $2s^2$, $2p^6$, $3s^2$, $3p^4$**) sendo que (**$3p^4$**) é a camada de valência, mas nesta distribuição eletrônica é **$3p^6$**, então somando os expoentes que são (**2+4+2**) é igual a (**8**) oito elétrons na camada de valência que é a regra do octeto, ou seja, esta ligação do magnésio com o enxofre da a fórmula (**MgS**) que é o **sulfeto de magnésio**.

Os cientistas descobriram as partículas subatômicas que são (**Prótons**, **Nêutrons** e **Elétrons**) e iniciaram a avançar nos conceitos científicos.

Sobre Partículas Subatômicas:

No canto superior esquerdo aparece a letra (**Z**) que simboliza o número atômico do elemento químico, mas às vezes aparece no canto superior direito, e indica o número de prótons de cada átomo do elemento químico, quando o número de prótons é igual ao número de elétrons.

Formula: **Z=p=e**

Quando um átomo é eletricamente neutro o número de prótons é igual ao número de elétrons, mas dar-se o número atômico dele apenas pelos prótons.

O número de massa é representado pela letra (**A**) e é a soma do número atômico (**Z**) com o número de nêutrons (**n**).

A equação: **A=p+n**

Z=p=e.

O número de massa é sempre um número inteiro positivo, existe o número de massa e o número de massa atômica, mas ambos são diferentes, ou seja, não são os mesmos, cada um é cada um.

Exemplo: Um átomo do elemento químico estável com (**25**) vinte e cinco prótons e número de massa igual a (**55**).

O número atômico deste átomo do elemento químico é (**Z=25**) por que é um átomo eletricamente neutro e estável, e o número de prótons é igual ao número de elétrons, por tanto (**e=25**) e o número de massa é igual a (**55**), ou seja, (**A=55**) e o número de nêutrons presentes neste átomo é igual a (**30**) (**n=a-p**).

n=(**A-p**)
n=(**55-25**)
n=**30** esta é a quantidade do número de nêutrons.

A letra (**q**) significa que o número de átomos que foi adquirido ou liberado pelo átomo, e sempre está localizada no canto superior direito do símbolo do elemento químico.

A letra (**-q**) e a letra (**+q**) que está localizada no canto superior direito da letra do símbolo atômico significa que o átomo perdeu elétrons ou ganhou elétrons:

Exe.: Quando um átomo perde um elétron, ele passa ser positivamente carregado, e é representado pelo símbolo +q, e nomeia-se ele de **Cátion**.
Cátion= (+q), o átomo perdeu um elétron.

Quando um átomo ganha um elétron, ele passou a está negativamente carregado, e passa a ser nomeado de **Ânion**, e é representado pelo símbolo (-q).

Ânion= (-q), o átomo ganhou um elétron.

Quando acontece a perda e o ganho de elétrons de um átomo, o átomo passa a ser chamado de **Íon**.

Quando um átomo perde (**Cátion**) ou ganha (**Ânion**) elétrons, ele deixa de ser estável e neutro.

Exe.: um átomo com o número atômico (**Z=25**) e o número de massa do átomo igual a (**A=55**), subtraindo o número atômico de prótons pelo número da massa será igual a (**30**) trinta nêutrons, quando este átomo ganhou **(-2)** significa que ele perdeu elétrons e os elétrons dele passou a ser (**23**).

Símbolo (+) significa perda de elétrons.
Símbolo (-) significa ganho de elétrons.

Os átomos podem classificar-se em três tipos quanto ao número atômico e ao número de massa.

Átomos Isoeletrônicos:

São átomos que possuem a mesma quantidade de elétrons.

Átomos Isótopos:

São átomos que possuem o mesmo número de **prótons**, e o mesmo número atômico, acontece apenas em átomos dos mesmos elementos químico.

Átomos Isotonos:

São átomos que possuem os mesmos números de **nêutrons** que afeta também o número de massa, que será diferente em cada um deles.

Átomos Isóbaros:

Átomos Isóbaros apresentam o mesmo número de **massa**, e isto só acontecem em átomos de diferentes elementos químicos.

Exe.: o átomo de flúor e o átomo de cloro ambos tem o mesmo número de massa, mas o número atômico são diferentes.

Átomos Isótonos:

Os átomos Isótonos possuem o mesmo número de nêutrons, mas o número de massa é diferente, e são átomos de vários elementos químicos que coincidem com os números de nêutrons e variam o número de massa.

Massa Atômica e Massa Molecular

O número de massa é sempre inteiro e positivo e está ligados as partículas subatômicas.

A massa atômica é uma média ponderada entre todos os isótopos de um determinado elemento químico. E uma média dificilmente é um número inteiro.
Este é o símbolo que definir a unidade de massa atômica (**u**), as massas atômicas dos elementos químicos mostradas na Tabela Periódica são baseadas em um valor atribuído aos isótopos de carbono, valor igual a (**12**) então definiu a unidade (**u**) de (**1/12**), de um átomo de carbono.

A massa molecular é a soma da massa de todos os átomos que compõem um molécula de determinada substancia, e também é medida em unidades de massa atômica (**u**).

Quando há um composto formado por ligações iônicas, ou seja, entre íons, como por exemplo o (**Na+Cl - =NaCl**), este composto é formado por íons.

Quantidade de Matéria

A Quantidade de matéria é uma grandeza que mede a quantidade de entidades químicas elementares presente em uma determinada amostra. E estas quantidades de matéria podem ser: átomos, moléculas, elétrons, prótons, partículas e etc., a unidade de medida da quantidade de matéria é o (**mol**).

Massa Molar

Massa Molar é a razão entre a massa de uma substância e a quantidade de matéria (**mols**) presente nesta substância.

Dividimos a massa molar de uma substancia pelo número (**1**) para obter a massa molar desta substância.

Exe.:

A massa atômica do oxigênio (**O**) (**16u**), no cálculo estequiométricos (**1u** é =**1g**), (**16u=16g**), então temos (**16** gramas de Oxigênio), mas no gás Oxigênio (**O$_2$**) são (**16g+16g=32g**) e a massa molar do gás Oxigênio será a massa molecular, (**32g/1=32g/mols**) ou seja há um mol de moléculas de gás oxigênio em **32g**.

www.ingramcontent.com/pod-product-compliance
Lightning Source LLC
Chambersburg PA
CBHW040221220526
45473CB00001B/70